山西省基础研究计划青年项目（202403021212066）
山西省高校学校科技创新项目（2022L473）
山西省科技创新人才团队专项（202204051001035）
山西省优秀博士来晋科研专项（QZX-2021010）
运城学院博士启动经费（YQ-2020004）

# 杆状病毒 Ac-PK2 蛋白和蝎昆虫毒素 *Bm*K IT 的功能及作用机制

卫丽丽　著

中国原子能出版社

**图书在版编目（CIP）数据**

杆状病毒 Ac-PK2 蛋白和蝎昆虫毒素 BmK IT 的功能及作
用机制 / 卫丽丽著. -- 北京：中国原子能出版社，
2024. 7. -- ISBN 978-7-5221-3543-4

Ⅰ. TQ453.5

中国国家版本馆 CIP 数据核字第 2024DL7567 号

**杆状病毒 Ac-PK2 蛋白和蝎昆虫毒素 *Bm*K IT 的功能及作用机制**

| | |
|---|---|
| 出版发行 | 中国原子能出版社（北京市海淀区阜成路 43 号　100048） |
| 责任编辑 | 王　蕾 |
| 责任印制 | 赵　明 |
| 印　　刷 | 河北宝昌佳彩印刷有限公司 |
| 经　　销 | 全国新华书店 |
| 开　　本 | 787 mm×1092 mm　1/16 |
| 印　　张 | 9 |
| 字　　数 | 134 千字 |
| 版　　次 | 2024 年 7 月第 1 版　2024 年 7 月第 1 次印刷 |
| 书　　号 | ISBN 978-7-5221-3543-4　　　定　价　86.00 元 |

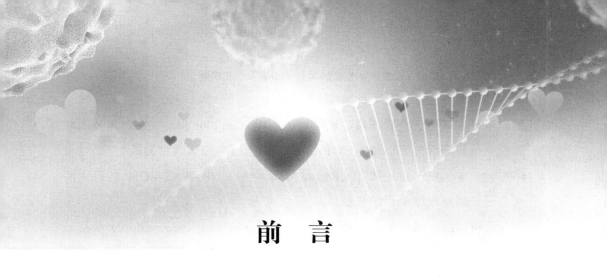

# 前　言

鳞翅目害虫对农作物的危害严重威胁着全球粮食安全，杀虫剂抗药性及由于杀虫剂的使用所导致的环境安全问题加剧了这一危害。农业生产上迫切需要更加安全有效的害虫绿色防控技术以满足日益增长的全球粮食需求。目前鳞翅目害虫的防治包括化学防治、物理防治和生物防治。

化学防治主要是使用化学杀虫剂，如氯虫苯甲酰胺、氟苯虫酰胺等。诱虫灯诱杀成虫是一种有效的物理防治方法。

生物防治的手段包括：① 保护天敌生物来控制鳞翅目害虫的数量；② 微生物杀虫剂；③ RNA 生物农药。鳞翅目害虫的生物杀虫剂主要以微生物杀虫剂为主，包括真菌杀虫剂（绿僵菌、球孢白僵菌），细菌杀虫剂（苏云金芽孢杆菌），病毒杀虫剂（苜蓿银纹核型多角体病毒、斜纹夜蛾核型多角体病毒）等。

杆状病毒是专一性感染节肢动物的病毒，主要以鳞翅目、双翅目和膜翅目的昆虫为宿主。关于杆状病毒的研究具有重要的生物学意义，昆虫杆状病毒作为一种潜在的新型生物农药，杀虫率较高、不易产生抗药性、不污染环境、不易造成生态平衡的破坏，已在世界各地得到推广和应用。

本书通过转录组学的方法研究了重组杆状病毒 AcMNPV-*Bm*K IT 侵染对 Sf9 细胞中基因表达的影响，通过酶活检测和噬斑实验分析了过表达苜蓿银纹夜蛾核型多角体病毒（AcMNPV）蛋白激酶 2（Ac-PK2）对宿主细胞能量代谢和子代病毒产量的影响，通过 Western blot 和流式细胞术及线粒体膜电位检测探究了 AcMNPV-PK2-RFP 加速宿主细胞凋亡的机制，通过虫体实验、Werstern blot 和 qPCR 方法分析了 AcMNPV-PK2-EGFP 的抗虫活性及侵染甜菜夜蛾幼虫的机制。

苜蓿银纹夜蛾核型多角体病毒（*Autographa california* multiple nuclear polyhedrosis virus，AcMNPV）是一种模式杆状病毒，也是微生物杀虫剂。*Bm*K IT 是一种来源于东亚钳蝎的昆虫特异性毒素蛋白，本实验室前期构建了重组杆状病毒 AcMNPV-*Bm*K IT，并发现其可以在感染早期加速宿主细胞中 P53 蛋白的表达，上调凋亡抑制因子 *p35* 基因的转录表达，具有更高的细胞毒性和抗虫活性。为了明确 AcMNPV-*Bm*K IT 侵染宿主细胞后具体的作用机制，我们通过转录组学的方法分析了 AcMNPV-*Bm*K IT 的侵染对 Sf9 细胞基因转录水平的影响。转录组数据的分析结果显示病毒侵染会对宿主细胞的翻译过程产生影响，因为杆状病毒侵染会激活宿主细胞中一系列的抗病毒反应，其中包括降低总蛋白的合成来抑制病毒的增殖。简而言之，病毒侵染后宿主细胞会激活 eIF2α 激酶来磷酸化 eIF2α，抑制蛋白质翻译的起始过程，降低总蛋白的合成来抵抗病毒侵染。而 AcMNPV 表达的 Ac-PK2 蛋白可以抑制 eIF2α 激酶的激活，营救翻译起始。为了明确过表达 Ac-PK2 蛋白是否会提高 AcMNPV 的杀虫活性及其作用机制，本研究构建了重组病毒 AcMNPV-PK2-EGFP/RFP，并进行了深入的研究。在此基础上，探讨了过表达 Ac-PK2 蛋白的重组病毒与 AcMNPV-*Bm*K IT 共侵染后抗虫活性是否具有协同效应。本研究分为四部分：

**第一部分　转录组测序筛选 AcMNPV-*Bm*K IT 侵染后 Sf9 细胞中的差异表达基因**

为分析 AcMNPV-*Bm*K IT 的抗虫机制，了解 AcMNPV-*Bm*K IT 侵染对 Sf9 细胞转录水平的影响，我们在 AcMNPV 和 AcMNPV-*Bm*K IT 侵染 72 h 后提取了 Sf9 细胞的 RNA 并进行反转录，通过 Solexa 测序进行了转录水平的分析。三个处理组中共鉴定出 61 269 个转录本，其中在对照组 control（C）的 Sf9 细胞中检测到 54 189 个转录本，在 AcMNPV（AT）侵染的 Sf9 细胞中检测到 57 979 个转录本，在 AcMNPV-*Bm*K IT（ABT）侵染的 Sf9 细胞中检测到 56 575 个转录本。对分析到的蛋白质序列进行 KOG 功能分类预测，共有 7 711 个蛋白被注释上 26 种 KOG 分类。对蛋白进行 KEGG 注释，其中有 4 874 个蛋白共注释上 4 211 个 KO，2 853 个基因共注释上 339 个 pathway。总共鉴定出 957 个差异表达基因：第一组（ABT 相对 AT，ABT V.S.AT）中共分析到 38 个表达上调的基因，135 个表达下调的基因；第二组（ABT 相对 C，ABT V.S.C）中共分析到 129 个表达上调的基因，84 个表达下调的基因；在最后一组（AT 相对于 C，AT V.S.C）中，分析到 459 个表达上调的基因，112 个表达下调的基因。从这些差异表达基因中选取了 11 个基因进行了 qPCR 验证，qPCR 的结果与转录组测序的结果基本一致。差异表达基因的 KEGG、GO 功能分析的结果显示 AcMNPV 和 AcMNPV-*Bm*K IT 对宿主细胞中 DNA 复制、蛋白质翻译等细胞过程相关的基因表达有影响。文献调研发现，宿主细胞可以通过降低总蛋白合成来抵抗病毒侵染，而 AcMNPV 表达的 Ac-PK2 蛋白可以营救蛋白翻译，那么过表达 Ac-PK2 蛋白是否可以提高 AcMNPV 的细胞毒力和抗虫活性，进行了进一步的研究。

**第二部分 AcMNPV-PK2-EGFP 对宿主细胞能量代谢和子代病毒产量的影响**

首先，利用 Bac-to-Bac 昆虫杆状病毒重组表达系统构建了过表达 Ac-PK2 蛋白的重组病毒 AcMNPV-PK2-EGFP。用 5 MOI 的重组病毒 AcMNPV-PK2-EGFP 侵染 Sf9 细胞，荧光显微镜观察与 Western blot 分析结果表明，PK2-EGFP 融合蛋白表达量从 24 h 开始随着侵染时间的延长而逐渐增加，并在 72 h 达到最高水平。相较于野生型病毒 AcMNPV 处理组，重组病毒 AcMNPV-PK2-EGFP 侵染 48 h 后 Sf9 细胞内 eIF2α 磷酸化逐渐减少。葡萄糖消耗的检测结果发现，AcMNPV-PK2-EGFP 处理组能量消耗增加，葡萄糖的消耗速率在 36、48、60 h 显著高于野生型病毒处理组，分别是野生型病毒处理组的 1.11 倍、1.2 倍、1.34 倍。AcMNPV-PK2-EGFP 处理组培养液中乳酸积累从 48 h 开始显著低于野生型病毒处理组，但与未处理组无明显差异。细胞内的 ATP 含量在病毒侵染后 48、60、72 h，即 Ac-PK2 蛋白开始过表达之后有一个显著的增加，分别是野生型病毒处理组的 1.12 倍、1.09 倍、1.10 倍。AcMNPV-PK2-EGFP 处理组己糖激酶（hexokinase，HK）的活性在 48、60 h 显著高于未处理组，分别是未处理组的 1.21 倍、1.16 倍。噬斑实验的结果显示 AcMNPV-PK2-EGFP 处理组在病毒侵染后 48、72 h，子代病毒的产量显著高于野生型病毒处理组，缺失 *ac-pk2* 基因的重组病毒侵染会导致子代病毒的产量降低。这些结果表明重组病毒 AcMNPV-PK2-EGFP 的侵染可以对宿主细胞能量代谢产生影响，为子代病毒的复制产生提供更有利的环境。既然重组病毒 AcMNPV-PK2-EGFP 可以增加子代病毒的产量，那么 AcMNPV-PK2-EGFP 的侵染是否会加速宿主细胞的凋亡，我们进行了进一步的研究。

**第三部分　AcMNPV-PK2-RFP 加速宿主细胞凋亡的机制分析**

　　流式细胞术分析结果显示，重组病毒 AcMNPV-PK2-EGFP 侵染 Sf9 细胞 48 h、72 h 后，细胞凋亡比例显著高于野生型病毒处理组。为研究 AcMNPV-PK2-EGFP 加速宿主细胞凋亡的机制，本节中构建了带红色荧光蛋白的过表达 Ac-PK2 的重组病毒 AcMNPV-PK2-RFP。ROS 活性检测结果显示 AcMNPV-PK2-RFP 处理组 Sf9 细胞中活性氧的水平在 48 h、72 h 显著高于野生型病毒处理组。线粒体膜电位检测发现 AcMNPV-PK2-RFP 处理组在病毒侵染后 24 h、48 h、72 h 细胞内绿色荧光的强度均高于野生型病毒处理组，说明 AcMNPV-PK2-RFP 处理组线粒体膜电位低于野生型病毒处理组。Western blot 的结果表明，AcMNPV-PK2-RFP 处理组 SfP53 蛋白的表达在病毒侵染后 48 h、60 h、72 h 均显著高于野生型病毒处理组，是野生型病毒处理组的 1.16 倍、1.39 倍、1.79 倍。接着，通过 Western blot 检测了细胞色素 c 在线粒体和胞质的分布情况，结果显示两种病毒处理组均会影响细胞色素 c 的释放，相较于野生型病毒处理组而言，AcMNPV-PK2-RFP 的处理组线粒体中的细胞色素 c 明显减少，细胞色素 c 的释放提前，从 24 h 开始逐渐增加。根据上述结果，推测 AcMNPV 和 AcMNPV-PK2-RFP 侵染 Sf9 细胞后通过刺激线粒体凋亡信号通路加速宿主细胞的凋亡，因为过表达 Ac-PK2 蛋白的重组病毒可以增加子代病毒的产量，新产生的子代病毒会对细胞进行二次侵染，从而加速了 AcMNPV-PK2-RFP 处理组线粒体凋亡途径的激活。

**第四部分　AcMNPV-PK2-EGFP 的抗虫活性及侵染甜菜夜蛾幼虫的机制分析**

前面两部分的实验结果表明，过表达 Ac-PK2 蛋白的重组病毒 AcMNPVP-PK2-EGFP/RFP 可以调控宿主细胞能量代谢，帮助子代病毒复制，加速宿主细胞的凋亡。那么重组病毒 AcMNPVP-PK2-EGFP 是否具有更高的抗虫活性？进行了虫体水平的实验。qPCR 的结果显示重组病毒 AcMNPV-PK2-EGFP 侵染后可以上调 *Ac-pk2* 基因在中肠组织和神经索组织的表达，AcMNPV-PK2-EGFP 与 AcMNPV-*Bm*K IT 共侵染后，可以增加 *Bm*K IT 在中肠组织和神经索组织的表达，并且在病毒侵染的早期，解毒相关基因 *sod*、*p450*、*cat* 的表达也会受到影响。Western blot 的结果显示 AcMNPV 处理组和 AcMNPV-*Bm*K IT＋AcMNPV 处理组，eIF2α 的磷酸化随着侵染时间逐渐增加，AcMNPV-PK2-EGFP 处理组 eIF2α 的磷酸化在病毒侵染后 4 h 达到最大值，8～12 h 逐渐减少。AcMNPV-PK2-EGFP＋AcMNPV-*Bm*K IT 处理组，eIF2α 的磷酸化在病毒侵染后 8 h 达到最大值，12 h 开始减少，说明相较于野生型病毒，过表达 Ac-PK2 蛋白的重组病毒的侵染可以减少甜菜夜蛾幼虫中肠组织 eIF2a 的磷酸化，有利于子代病毒的复制。同时，观察到各病毒处理组 P53 蛋白在病毒侵染 1 h 后开始表达，病毒侵染 4 h、8 h、12 h 后 AcMNPV-*Bm*K IT＋AcMNPV-PK2-EGFP 处理组 P53 蛋白的表达显著高于 AcMNPV、AcMNPV-PK2-EGFP、AcMNPV-*Bm*K IT＋AcMNPV 病毒处理组，说明重组病毒 AcMNPV-PK2-EGFP 和 AcMNPV-*Bm*K IT 共处理可以加速甜菜夜蛾幼虫中肠组织细胞的凋亡。酚氧化酶活性检测的结果显示，AcMNPV-*Bm*K IT + AcMNPV-PK2-EGFP 处理组酚氧化酶活性在 4 h 达到最大值，分别是 AcMNPV、AcMNPV-PK2-EGFP、AcMNPV-*Bm*K IT + AcMNPV 处理组 4 h 的 1.58 倍、1.25 倍、1.18 倍。统计了对照组及病毒处理组甜菜夜蛾幼虫的平均体重、致死率、蛹化率、羽化率，四个处理组甜菜夜蛾幼虫的死亡率分别为 54.78%、76.6%、83.3%、90%，对应的蛹化率分别为 33.3%、26.67%、20%、16.67%，羽化率分别为 20%、16.67%、13.3%、10%。可以看到，相较于 AcMNPV 处理组，AcMNPV-PK2-EGFP 处理组的幼虫致死率显著增高，蛹化率、羽化率降低，说明 AcMNPV-PK2-EGFP 具有更高的抗虫活性。相较于 AcMNPV + AcMNPV-*Bm*K IT 处理组，AcMNPV-PK2-EGFP + AcMNPV-*Bm*K IT 处理组甜菜夜蛾幼虫的羽化时间推迟，蛹化率和羽化率均降低，最终的致死率显著提高。综合上述结果，AcMNPV-PK2-EGFP 相较于野生型病毒而言具有较高的抗虫活性，AcMNPV-PK2-EGFP 和 AcMNPV-*Bm*K IT 共处理会使得抗虫活性进一步升高。这部分的结果在虫体水平上解析了重组杆状病毒 AcMNPV-PK2-EGFP、AcMNPV-*Bm*K IT 经口服感染后通过影响解毒相关基因（*sod*、*p450*、*cat*）的表达、酚氧化酶的活性，调控中肠组织 eIF2α 的磷酸化以及凋亡相关蛋白 P53 的表达来增加宿主昆虫的死亡率，明确了重组病毒 AcMNPV-PK2-EGFP 和 AcMNPV-*Bm*K IT 抗虫活性存在协同效应。

综上所述，本研究通过转录组学的方法分析了 AcMNPV-*Bm*K IT 侵染对 Sf9 细胞转录水平的影响，鉴定了 900 多个差异表达基因，并进行了 qPCR 验证。我们构建了过表达 Ac-PK2 蛋白的重组病毒 AcMNPV-PK2-EGFP/RFP，在细胞水平上分析了 AcMNPV 侵染宿主过程中过表达 Ac-PK2 蛋白对宿主细胞能量代谢和子代病毒产量的影响，明确了重组病毒 AcMNPV-PK2-EGFP 通过影响线粒体凋亡信号通路加速宿主细胞凋亡的机制，并且在虫体水平上分析了重组病毒 AcMNPV-PK2-EGFP 的抗虫活性及作用机制，明确了 AcMNPV-PK2-EGFP 与 AcMNPV-*Bm*K IT 共侵染可以增强 AcMNPV-*Bm*K IT 的抗虫活性。本研究为杆状病毒的抗虫机制研究及应用提供了实验依据，对科学防治鳞翅目害虫具有重要意义。

本书列有参考文献目录，但由于数量庞大，无法一一列出，谨向有关作者致谢，本书编写的过程中得到了山西省基础研究计划青年项目（202403021212066），山西省高校学校科技创新项目（2022L473），山西省科技创新人才团队专项（202204051001035），山西省优秀博士来晋科研专项（QZX-2021010）的资助，在此一并感谢。由于水平有限，课题相关理论和实验处于不断发展和更新中，书中难免有疏漏和不妥之处，恳请同行和读者及时反馈于我，以便再版时修订。

# 目 录

# 第1章 绪 论

## 1.1 杆状病毒

### 1.1.1 杆状病毒概述

杆状病毒基因组为环状、双链 DNA，其基因组全长大约 80～180 kbp（bp 为碱基对），编码大约 90～180 个开放阅读框，其命名是根据其外形呈杆状而得。杆状病毒是专一性感染节肢动物的病毒，主要以鳞翅目、双翅目和膜翅目的昆虫为宿主。关于杆状病毒的研究具有重要的生物学意义，迄今为止，科学家已经发现了 600 多种杆状病毒，其中核型多角体病毒最多，大概有 520 余种，已完成 57 种杆状病毒的全基因组测序[1]。杆状病毒的应用主要包括以下几个方面：① 可用于防治害虫，是一类新型的微生物病毒杀虫剂[2,3]；② 可用于昆虫细胞杆状病毒真核表达系统，生产具有生物活性的蛋白质[4,5]；③ 作为基因转移载体，用于哺乳动物的基因转移[6,7]。

### 1.1.2 杆状病毒的生活史

在杆状病毒的生活史中，会产生两种表型的病毒粒子，包括芽生型病毒（Budded virions，BV）和包埋型病毒（Occluded virions，ODV），它们的形态和功能各不相同，因此其具有双相复制周期[8]。芽生型病毒（BV）多在感染的早期产生，主要介导细胞之间的感染；包埋型病毒（ODV）是在感染的过程中不断积累，介导虫体之间的感染。

如图 1-1 所示为杆状病毒的生活史。芽生型病毒在出芽时获得了囊膜蛋白，囊膜蛋白通过与细胞表面的特异受体结合形成病毒受体复合物，通过胞吞作用再次进入宿主细胞，进行二次感染[8]。包埋型病毒主要侵染虫体，因为其被多角体囊膜保护，只有在呈弱碱性的中肠组织，多角体蛋白被溶解，才能将病毒粒子释放，开始侵染虫体组织和细胞。

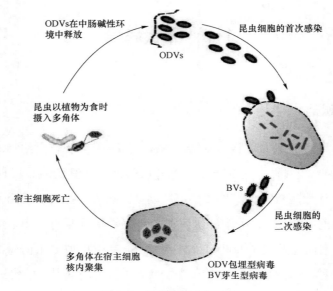

图 1-1　杆状病毒生活史[8]

芽生型病毒和包埋型病毒的基因组完全一致，但是它们在病毒侵染过程中的功能却存在明显差异，这是由于构成它们的蛋白有很大差别[8]。*ac22*、*ac31*、*ac46*、*ac78*、*ac83*、*ac108*、*ac115*、*ac119*、*ac138* 等基因表达的蛋白是 ODV 特有的囊膜蛋白，*ac23*、*ac126*、*ac128* 等基因表达的蛋白则是 BV 特有的囊膜蛋白，*ac10*、*ac136* 编码的蛋白是 BV 核衣壳特有的蛋白，*ac60* 编码的蛋白是 ODV 核衣壳特有的蛋白，*ac16*、*ac51*、*ac54*、*ac61*、*ac64*、 *ac74*、*ac77*、*ac129*、*ac131*、*ac139*、*ac141*、*ac148* 编码的蛋白质是 BV 和 ODV 共有蛋白[9,10]，但具体不清楚（图 1-2 和表 1-1）。

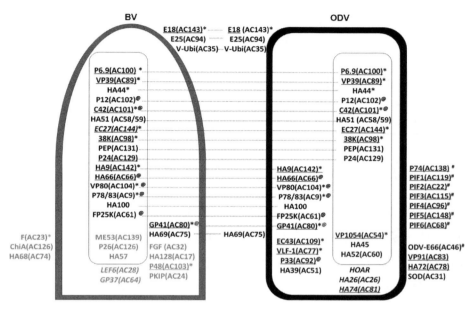

图 1-2　BV 及 ODV 蛋白组成及定位示意图[10]

**表 1-1　BV 和 ODV 蛋白分布[9]**

| 分类 | 分布 | 基因名称 |
|---|---|---|
| BV 特异蛋白（11） | BV 囊膜特异蛋白 | *ac23*，*ac126*，*ac128* |
| | BV 核衣壳特异蛋白 | *ac10*，*ac136* |
| | BV 囊膜和 BV 衣壳共有蛋白 | *ac17*，*ac24*，*ac32*，*ac103*，*ac137* |
| ODV 特异蛋白（14） | ODV 囊膜特异蛋白 | *ac22*，*ac31*，*ac46*，*ac78*，*ac83*，*ac108*，*ac115*，*ac119*，*ac138* |
| | ODV 核衣壳特异蛋白 | *ac60* |
| | ODV 囊膜和 ODV 衣壳共有蛋白 | *ac53*，*ac146* |
| BV 和 ODV 共有蛋白（32） | BV 囊膜和 ODV 囊膜共有蛋白 | *ac35*，*ac68*，*ac94*，*ac96*，*ac143* |
| | BV 衣壳和 ODV 囊膜共有蛋白 | *ac104* |
| | BV 衣壳和 ODV 衣壳共有蛋白 | *ac58/59*，*ac89*，*ac98*，*ac101*，*ac102*，*ac144* |

续表

| 分类 | 分布 | 基因名称 |
|---|---|---|
| BV 和 ODV 共有蛋白（32） | BV 囊膜、BV 衣壳和 ODV 衣壳共有蛋白 | *ac93* |
| | BV 衣壳、ODV 衣壳和 ODV 囊膜共有蛋白 | *ac8*，*ac9*，*ac66*，*ac109*，*ac142* |
| | BV 衣壳、BV 囊膜、ODV 衣壳和 ODV 囊膜共有蛋白 | *ac75*，*ac80*，*ac92* |
| | BV 和 ODV 共有蛋白，但具体不清楚 | *ac16*，*ac51*，*ac54*，*ac61*，*ac64*，*ac74*，*ac77*，*ac129*，*ac131*，*ac139*，*ac141*，*ac148* |

### 1.1.3　杆状病毒的分类

根据病原微生物包涵体的形态，杆状病毒可以被分为两种：颗粒体病毒属和核多角体病毒属。① 颗粒体病毒属（GV）：代表种为苹果蠹蛾颗粒体病毒（*Cydia pomonella* granulovirus，CpGV）。② 核型多角体病毒属：根据其包含病毒颗粒的数目，分为多核多角体病毒（MNPV）和单核多角体病毒（SNPV）[8]。家蚕单核衣壳型核型多角体病毒（*Bombyx mori* single nuclear polyhydrosis virus，BmSNPV）为 SNPV 的代表种，苜蓿银纹夜蛾多衣壳型核型多角体病毒（*Autographa california* multiple nucleopolyhedrovirus，Ac MNPV）是 MNPV 的代表种[11]。

随着基因组测序的发展，根据基因组的拼接结果，对杆状病毒的 29 个核心基因表达的蛋白质氨基酸进行比对，科学家们把杆状病毒分为 4 个属（图 1-3）：α-杆状病毒属（Alphabaculovirus）、β-杆状病毒属（Betabaculovirus）、γ-杆状病毒属（Gammabaculovirus）和 δ-杆状病毒属（Deltabaculovirus）[12]。

### 1.1.4　昆虫杆状病毒表达载体系统

目前使用较多的有 3 种真核表达系统：哺乳动物细胞表达系统、酵母表达系统和杆状病毒－昆虫表达系统。哺乳动物表达系统可以对表达的蛋白质进行翻译后修饰，并对其进行正确的折叠，还能以转基因形式表达目的蛋白，表达方式包括组成型或诱导型[13]。哺乳动物表达系统的缺点是表达速度缓慢，费用较高，不能应用于大规模生产目的蛋白。酿酒酵母和毕赤酵母是酵母表达系统的两种主要菌株。酵母表达系统相较于哺乳动物表达系统而言成本较低，表达的目的蛋白经过翻译后修饰及折叠，可以通过酵母的分泌系统，分泌到培养基中[14]。酵母细胞不适用于表达依赖糖基化保持活性的蛋白质，因为其表达的蛋白与哺乳动物中天然蛋白质的糖基化不同，并且其对重组蛋白的表达效率较低[15]。

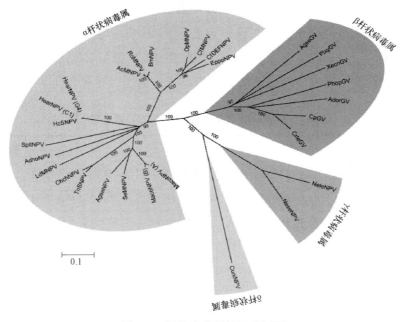

图 1-3　杆状病毒系统发育树[12]

相较于前两个表达系统，杆状病毒－昆虫细胞是一个比较折中的蛋白表达体系，其优势主要包括：① 杆状病毒基因组较小，分子生物学特性比较简单，易于操作。② 杆状病毒的病毒粒子是杆状的，可塑性较强，能容纳较长的外源基因片段。③ 杆状病毒的强启动子保证了表达系统具有较高的表达效率。④ 能对目的蛋白进行表达后修饰。昆虫细胞作为杆状病毒的宿主细胞，可以对表达的蛋白质进行翻译后修饰和加工。⑤ 安全性高。杆

5

状病毒有着较强的宿主专一性，只能在昆虫细胞中复制。⑥ 昆虫培养细胞系相对于哺乳动物细胞，更易生长，且悬浮培养可大量生产目的蛋白，成本较低。

杆状病毒表达载体的缺点如下：① 是一个瞬时表达系统，晚期启动子表达时限为感染后 22 h 至宿主细胞死亡，高水平表达目的蛋白的时间较短。② 复杂的 N-糖基化（如半乳糖和唾液酸残基）在昆虫细胞中并不能产生，而末端缺乏复杂糖基化会影响蛋白质的稳定性及溶解性。③ 高水平表达蛋白质会导致细胞翻译后修饰的速度跟不上蛋白质表达的速度，可能会降低完成修饰的目的蛋白的产量。迄今为止，杆状病毒 – 昆虫细胞表达系统已经被广泛用于一些在其他表达系统表达有困难的高价值蛋白质的表达。近来利用杆状病毒表达系统成功表达的具有较高价值的蛋白质见表 1-2[15]。

表 1-2　利用杆状病毒系统成功表达的蛋白质[15]

| 蛋白质名称 | 病毒载体 | 细胞株 | 细胞培养基 | 纯化方法 | 参考文献 |
|---|---|---|---|---|---|
| 人骨骼肌突变基因表达的 A-辅肌动蛋白 | AcMNPV | Sf9 | SFM 培养基 | 脱氧核糖核酸亲和色谱 | [16] |
| 钙运转调节肽 | AcMNPV | Sf9 | Gibco BRL 产品 | 钴亲和色谱 | [17] |
| 牛白介素-18 | AcMNPV | Sf9 | ESF921 培养基 | 镍离子亲和色谱 | [18] |
| 肿瘤坏死因子-A | AcMNPV | Sf21 | Gibco BRL 产品 | 参考 Gibco BRL | [19] |
| 考伯希肉瘤相关孢疹病毒 DNA 聚合酶 | AcMNPV | Sf9 | SFM 培养基 | 钴亲和色谱 dsDNA 纤维素亲和色谱 | [20] |
| 人 HIV-1 Gag 蛋白 | AcMNPV | Sf9 | SFM 培养基 | 离心分离法 | [16] |

## 1.1.5　昆虫杆状病毒作为生物杀虫剂的应用

昆虫杆状病毒作为一种潜在的新型生物农药，杀虫率较高，不易产生抗药性，不污染环境，不易造成生态平衡的破坏，已经在世界各地得到推广和应用。目前已经有很多种杆状病毒杀虫剂相继注册，主要包括美国棉铃虫 NPV（美国，Biotrol-V H Z，V itrex）、甜菜夜蛾 NPV（美国，Biotrol-V SE，V iron/S）、黄纹夜蛾 NPV（美国，Biotrol-V PO，V iron/P）、粉纹夜蛾

NPV（美国，Biotrol-V IN，V iron/T）、松黄叶蜂 NPV（美国，N eochek-S）、黄杉毒蛾 NPV（美国，TM；加拿大，V irtues）、舞毒蛾 NPV（美国，G ypcheck；前苏联，V irin-EN SH）、菜粉蝶 GV（拉脱维亚，V irin GKB）、莲纹夜蛾 NPV（法国）等[21]。1993 年，我国的第一个昆虫病毒杀虫剂成功通过中试，获得产品登记，正式进入商品化生产领域，该杀虫剂是由中国科学院武汉病毒研究所研制[22]。

# 1.2　重组杆状病毒研究进展

## 1.2.1　重组杆状病毒的构建策略

为了增强野生型杆状病毒的宿主范围、杀虫速度以及毒力，科学家们利用基因工程技术和分子生物学原理对野生型病毒进行了改造，构建了各种类型的重组杆状病毒生物杀虫剂，引起了世界的广泛关注。开发新型重组杆状病毒杀虫剂的方法主要包括插入外源基因、删除非必需基因，以及修饰病毒基因组。插入外源基因和删除非必需基因所获得的重组病毒有助于提高杆状病毒的杀虫活性，增加杀虫效应，缩短半致死时间，同时减少了对作物的危害。修饰病毒基因组则可以扩大其宿主域，从而使得一种杆状病毒可以杀灭多种害虫。

## 1.2.2　重组蝎昆虫毒素杆状病毒的研究进展

关于重组杆状病毒的研究已经有很多文献进行了报道，在 AcMNPV 的基因组中插入以色列蝎昆虫神经毒素 LqhIT2（抑制型）和 LqhIT1（兴奋型）[23,24]、螨毒素 TXP-1 基因、北非蝎 *Androctonus australis Hector* 分离的 AaHIT 毒素基因[25,26]或者 *Buthus occitanus tunetanus* 分离到的 BotIT 基因[27]获得的几种重组杆状病毒对幼虫的半致死时间比野生型病毒均有所减短。本课题组在 AcMNPV 的基因组中分别插入了东亚钳蝎 *Buthus martensii* Karsch 神经毒素（*Bm*K IT）以及杆状病毒组织蛋白酶基因（*vcath*）获得重组杆状病毒 AcMNPV-*Bm*K IT 和 AcMNPV-*Bm*K IT-vcath，注射感染 5 龄棉铃虫幼虫，相较于野生型病毒，重组杆状病毒 AcMNPV-*Bm*K IT-vcath 的 LD50 值提前了 15.6%[28]。同时，还发现重组病毒 AcMNPV-*Bm*K IT-Chitinase（几丁质酶基因）的杀虫活性也明显优于野生型杆状病毒[29]。此外，进一步分析了 AcMNPV-*Bm*K IT 感染 Sf9 细胞对凋亡基因表达和 actin 重排产生的影响，发现重组病毒侵染的细胞中 actin 的进核时间提前，出核时间延迟，并且重组病毒可以在病毒侵染的早期加速宿主细胞中 P53 蛋白的表达[30]。

### 1.2.3　重组杆状病毒的安全性

19 世纪 70 年代，田间试验已经表明野生杆状病毒作为杀虫剂是安全的。但是增加了外源基因的重组病毒杀虫剂，其安全性需要科学家们重新考虑[31]。重组病毒会对生物环境和非生物环境带来怎样的影响？天敌捕食之后是否安全？这些问题都需要阐明和解决，并且直接影响重组病毒作为生物杀虫剂的注册、生产和应用[32]。

生物安全的一个方面是这些插入的外源基因是否会直接影响周围环境中的生物。许多研究表明，杆状病毒对其他非宿主的动物危害并不大。Ashour 研究了重组杆状病毒 AcAaIT（包含神经毒素 *aait* 基因）的生物安全性，结果显示 AcAaIT，AcMNPV 和 SlNPV 对哺乳动物和鱼类没有不良影响。经口服或腹腔注射 AcAaIT、AcMNPV 或 SlNPV 的雄性和雌性白化病大鼠在 21 天的观察期内均无死亡率。在此期间对大鼠的视觉，血液和临床生化进行了检测，均未发现或只有轻微的毒性迹象[33]。Sun 等人的研究表明表达 AaIT 毒素的重组杆状病毒 HaSNPV 对蜜蜂、鸟类、鱼类和其他脊椎动物没有致病性[34]。转基因 AcMNPV 对水生微生物群落没有任何影响[35]。拟寄生物和捕食者等幼虫的天敌不会因捕食被重组病毒感染的幼虫而受到不利影响[36-38]。

生物安全的另一个关注点是克隆基因有可能会从供体重组杆状病毒转移到受体生物体内。这在理论上是可能的，但目前没有证据表明重组杆状病毒对动物和环境造成的威胁比野生杆状病毒更大[39]。在科学界，人们普遍认为转基因杆状病毒带来的益处超过了使用杆状病毒所带来的未知风险。尽管如此，试图引入表达毒素基因的重组杆状病毒在西欧引起了大规模的公众抗议。这些抗议是由重组杆状病毒中使用的毒素引发的，因为这些外来的名字（非洲蝎毒素）让普通的群众感到不寒而栗[40]。

Gutiérrez S 的研究表明，缺失口服感染因子（peros infectivity factor，pif）家族的基因可以阻断 AcMNPV 经口感染，但不影响其在细胞间的传染性，可以显著降低病毒传播或基因转移的机会，进而改善杆状病毒的生物安全性，是一个简单的措施，极大地降低了病毒传播的机会或基因自然转移[41]。这为进一步研究重组杆状病毒的生物安全性提供了新的思路。

# 1.3　杆状病毒与宿主细胞的互作分析

## 1.3.1　杆状病毒的 siRNA 抑制因子

RNA 干扰（RNAi）被认为是一种重要的抗病毒机制，存在于主要的昆虫宿主细胞内（例如蚊子、苍蝇、蜜蜂、鳞翅目动物，甚至非昆虫节肢动物等蜱虫）[42-49]。RNAi 涉及一系列由小 RNA 调节的基因表达调控机制，通过 Argonaute 家族的蛋白质以序列特异性识别的方式促使病毒 RNA 的降解[50]。目前已经在昆虫中检测到两种不同类型的病毒衍生的小 RNAs，一种是小干扰 RNA（siRNAs），另一种是和 piwi（P-element induced wimpy testis）相互作用的 RNAs（piRNAs）[51,52]。

病毒侵染宿主细胞之后，siRNA 通路是由 dsRNA 激活的，这些 dsRNA

通常作为病毒复制的副产物产生。核酸传感器 Dcr-2 包含解旋酶和 RNase Ⅲ 的结构域，能够识别病毒产生的 dsRNA。Dcr-2 将 dsRNA 转化为 siRNA，这个过程中有一种称为 AGO2 的特定的 argonaute 蛋白质参与。双链 siRNA 中的一条仍然与 AGO2 结合，形成 RNA 诱导的沉默复合体（RISC）。这种核酸酶可以对具有互补序列的 RNA 进行切片和降解。在病毒感染过程中，这种机制能够有效地沉默病毒 RNA 的转录和表达，抑制病毒的复制。[50] 由昆虫病毒编码的 RNAi 抑制因子（VSRs）可以作用于 RNAi 通路的不同步骤，表明了 siRNA 通路在抗病毒防御中的重要性。一些 VSRs（如 DCV-1A，FHV-B2，VP3，IIV6-340R）直接结合长链 dsRNA，阻止 Dcr-2 对其进行切割[45,53-55]。除了 DCV-1A 之外，这些抑制因子还可以在体外结合 siRNAs，这表明它们也抑制了长的 dsRNA 的后续加工。其他 VSRs 直接与 AGO2 结合，抑制靶向 dsRNA 的转化为 siRNA 的过程[56,57]。

## 1.3.2 宿主细胞的凋亡和杆状病毒的凋亡抑制因子

程序性细胞死亡是另一种广泛的抗病毒策略，可以通过消灭被感染的细胞来控制昆虫中的病毒[58-61]。细胞死亡以后可以阻止病毒复制完成，并促进被感染的细胞被吞噬细胞清除，从而阻止传播。

细胞凋亡的标志是启动 caspase 和效应 caspase 参与的半胱氨酸蛋白酶（caspases）级联反应的激活，caspases 的激活受细胞因子（包括凋亡蛋白抑制剂）的严格调控。在病毒侵染过程中，细胞凋亡可通过不同的机制快速激活，包括诱导促凋亡基因表达或降解不稳定的 IAPs 等。在被 FHV 感染的果蝇细胞中，P53 的激活可以诱导促凋亡基因 *reaper* 的表达，从而阻断凋亡抑制因子（inhibitor of apoptosis protein，IAPs）的活性[61]。在杆状病毒感染的鳞翅目昆虫细胞中，对宿主翻译的抑制可以导致细胞 IAPs 的耗尽[60]。实际上，鳞翅目昆虫以及果蝇的 IAPs 含有 N-末端不稳定性基序，这些基序是病毒侵染后激活的信号通路的标靶[62]。

随着昆虫细胞培养技术的发展，关于昆虫细胞凋亡的研究越来越多，总结已有的文献，可以将昆虫细胞凋亡通路总结如下：① 依赖于细胞色素 c 的凋亡通路，通过激活 Caspases 来促进细胞凋亡；② 不依赖于细胞色素 c 释放的凋亡通路；③ 不依赖于 Caspases 的活化的细胞凋亡。[63]在双翅目昆虫中，细胞凋亡是否依赖于细胞色素 c 途径仍然存在争议。[64]鳞翅目昆虫是昆虫细胞中研究较多的，有研究表明鳞翅目昆虫细胞的凋亡依赖于细胞色素 c，在细胞凋亡的过程中伴随着线粒体膜电势，线粒体结构和膜通透性的变化，也就是说，鳞翅目昆虫细胞的线粒体凋亡通路更类似于哺乳动物细胞凋亡[24]。

有文献报道，喜树碱诱导的昆虫细胞凋亡过程伴随着细胞色素 c 从线粒体向胞质的释放，并且发现细胞色素 c 的释放是通过线粒体膜上的通透转换孔，并且进一步激活下游的效应 caspases，证实了喜树碱诱导的昆虫细胞的凋亡依赖于细胞色素 c 介导的线粒体途径[66-70]，该途径的机制如图 1-4 所示。家蚕细胞中 P53 蛋白表达水平的上调可以促进细胞色素 c 的释放，但是释放机制还不清楚[71]。

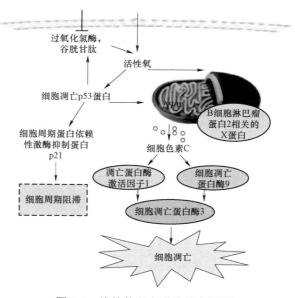

图 1-4 线粒体凋亡通路示意图[66]

杆状病毒、裸病毒、虫牛病毒、虹彩病毒和阿斯法病毒科的昆虫 DNA 病毒均可以编码细胞凋亡的抑制剂。病毒编码的细胞凋亡抑制剂根据作用机制可分为两类：病毒的 IAPs 和 P35 类似的自杀型 Caspase 抑制剂[72]。事实上，IAPs 最初被描述为由杆状病毒编码的病毒蛋白质。与细胞编码的 IAPs 不同，病毒编码的 IAPs（vIAPs）缺少 N 端不稳定性基序[62]。最近的研究表明，*Orgya pseudotsugata* multiple nucleopolyhedrovirus 的 Op-IAP3 可以通过稳定宿主细胞的 IAPs 使其正常行使功能，从而抑制病毒感染后宿主细胞的凋亡[60]。AcMNPV 的抑凋亡基因 p35 可以作为效应 caspases 的底物，SlNPV 的抑凋亡基因 p49 同时具有阻断启动 caspases 和效应 caspases 的潜力[72]。细胞凋亡抑制基因的缺失会导致细胞凋亡的增加和病毒侵染力的减弱。

### 1.3.3 宿主细胞降低蛋白质合成和杆状病毒营救蛋白质翻译

抑制蛋白质翻译在病毒侵染的昆虫细胞中很常见，可以控制病毒复制。事实上，eIF2α 激酶控制翻译起始是哺乳动物重要的抗病毒途径。并且，有研究表明 eIF2α 的磷酸化可以诱导 Sf9 细胞的凋亡（图 1-5）。eIF2α 激酶可以磷酸化翻译起始因子 eIF2 的 α 亚基，阻止真核生物的翻译起始。哺乳动物中有 4 种 eIF2α 激酶，分别为 GCN2（the general controlnonderepressible2）、HRI（the heme-regulated initiation factor 2α kinase）、PERK（the endoplasmic reticulum-resident kinase）和 PKR（the interferoninducible double-stranded RNA dependent protein kinase），其中 PKR 是主要的抗病毒激酶，但 GCN2 和 PERK 也可能参与。昆虫缺乏 PKR，大多数昆虫具有其他三种 eIF2α 激酶的同源基因[73]。科学家发现类 HRI 激酶似乎已经在昆虫体内独立开发出一种抗病毒功能。哺乳动物病毒通常编码 PKR 抑制剂，这证实了这种激酶在抗病毒防御中会发挥作用。一些杆状病毒可以表达 eIF2α 激酶同源基因，编码的蛋白质命名为 PK2。这种同源物可以干扰 eIF2α 激酶的二聚化，从而抑制其被激活。在病毒感染之后，它可以阻断 eIF2α 磷酸化，允许病毒完成复制[74]。

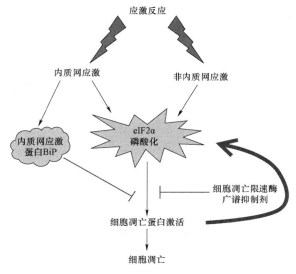

图 1-5    eIF2α 的磷酸化可以诱导细胞的凋亡[74]

## 1.3.4    宿主细胞中抗病毒相关信号通路

已经有研究表明,在不同的昆虫中,由 IMD/NF-kB 通路调控的诱导应答可以促进抗病毒防御[75-77]。最近在果蝇中发现了一种名为 Diedel 的细胞调节因子,它被证明是 IMD 通路的抑制剂[78]。Diedel 是确保 SINPV 感染期间果蝇存活的关键,因为其可以抑制 IMD 通路的激活[79]。这种途径在库蚊中是如何被激活的目前还不清楚,但其激活过程涉及与 siRNA 途径相同的 dsRNA 传感器 Dicer-2[80]。尽管 IMD 调控的抗病毒效应机制尚不清楚,但几个不相关的昆虫病毒编码的 Diedel 同源物暗示着进一步探索这种进化保守途径的价值。

Toll 样受体(Toll like receptor,TLRs)在昆虫的天然免疫中发挥非常重要的作用。最早关于 Toll 通路的研究发现果蝇背腹极性的形成过程需要该通路的参与[81],之后逐渐发现微生物感染也可以激活该信号通路,参与天然免疫应答[82]。从昆虫到哺乳动物、植物,Toll 样受体蛋白的序列非常保守,与果蝇中的 Toll 蛋白高度同源[83]。此外,2012 年,张茜等人的研究发现 AfMNPV 诱导斜纹夜蛾 SL-1 细胞凋亡过程可能涉及 PK3-Akt 和 JNK 细胞信号通路[84]。昆虫和大多数生物一样，对病毒感染具有转录回应。事实上，病毒感染的昆虫（如蚊子、苍蝇、蜜蜂、家蚕）的转录组数据显示，大量的基因表达上调[85]。尽管有很多转录回应的例子，但是激活机制和被诱导基因的功能仍然不是很明确。此外，也有其他一些途径被报道在昆虫抗病毒防御中发挥作用，如泛素－蛋白酶体通路、自噬或热休克回应[85]。

# 1.4　昆虫免疫的研究进展

## 1.4.1　昆虫免疫概述

先天性免疫对于昆虫在病原体（包括病毒在内）感染之后的生存是至关重要的，因为昆虫缺乏脊椎动物的适应性免疫，而脊椎动物提供了比先天免疫更有效和特异性的宿主防御机制。昆虫有各种各样的表面屏障，它们可以是物理的、化学的或生物的，作为抵御病原生物入侵的第一道防线。表面屏障包括外骨骼的角质层、气管的衬里、口、直肠、腹膜和中肠上皮。中肠腔也可以作为抵御病原体入侵的屏障。一旦病原体突破了表面屏障并进入昆虫体内，在细胞和分子水平上的第二道防线先天免疫在血腔中被激活[86]。

昆虫免疫反应始于脂肪体和血细胞，包括体液免疫和细胞免疫。体液免疫反应基于免疫基因被微生物感染诱导以及编码的抗菌肽，这些抗菌肽在脂肪体合成释放到血淋巴。以酚氧化酶为基础的黑化反应途径如图 1-6 所示，体液免疫反应包括活性氧和氮类物质的产生，以及控制凝固和黑化反应的酶联激活[87]。

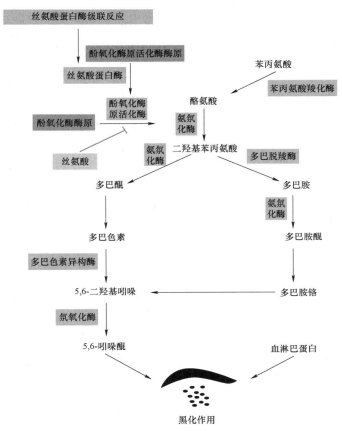

图 1-6　以酚氧化酶为基础的黑化反应途径[88]

## 1.4.2　昆虫的抗病毒免疫

　　先天性免疫的目的是消除被感染昆虫的病原体，防止它们的传播。相比之下，病原体进化出了多种抑制或逃避激活血腔先天免疫的机制。大多数关于昆虫先天免疫的研究都集中在细菌和真菌感染上[89-91]。近年来，昆虫对 RNA 病毒防御机制的研究也在不断深入[91-94]。

　　昆虫对 DNA 病毒固有免疫的认识主要来源于鳞翅目培养细胞和幼虫的杆状病毒感染。酚氧化酶是生物体内黑色素合成的关键酶，具有防御功能，可以回应病毒的侵染，产生具有细胞毒作用的氧自由基和具有潜在细胞毒作用的半醌及三羟酚，进一步增强昆虫的防御能力[95]。有研究发现病毒侵染会导致棉铃虫幼虫中酚氧化酶的活性升高，而酚氧化酶是黑化反应的关键酶，说明黑化反应在抗虫的抗病毒免疫中扮演着重要的角色。2017年发表在 Plos pathogen 上的文献发现棉铃虫的丝氨酸蛋白酶抑制剂（Serpin5/9）可以通过抑制黑化作用来促进杆状病毒的侵染（图 1-7）[96]。除此之外，RNAi、细胞凋亡、Toll 信号通路、IMD 信号通路在昆虫免疫中也同样发挥功能。

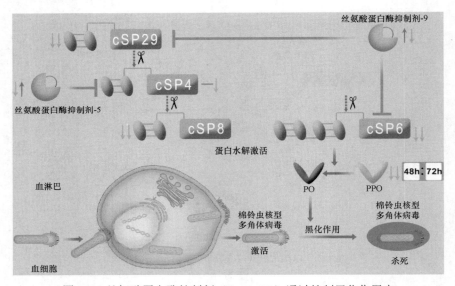

图 1-7    丝氨酸蛋白酶抑制剂（Serpin5/9）通过抑制黑化作用来
促进杆状病毒的侵染[96]

# 1.5    杆状病毒侵染对宿主细胞能量代谢的影响

## 1.5.1    昆虫细胞能量代谢

细胞培养过程中的能量代谢是指细胞通过吸收培养基中的营养物质

（包括糖类、氨基酸等），通过自身的呼吸作用将营养物质中的能量释放出来，贮存在 ATP 中供生命活动需要。细胞内能量代谢包括有氧呼吸和糖酵解，有氧呼吸过程在线粒体中进行，糖酵解在胞质中进行。三羧酸循环是有氧呼吸过程中重要的步骤，包括一系列的氧化磷酸化反应，可以产生大量的 ATP，给细胞提供能量。ATP 在细胞内的含量很少，需要随时消耗、随时产生，因此它在细胞内的转化速率很快，而且能在生命活动的过程中随用随取。糖酵解途径包括 3 个不可逆反应：参与的关键酶分别为己糖激酶（HK）、6-磷酸果糖激酶-1，以及丙酮酸激酶。糖酵解过程会产生乳酸，提供的能量较少。己糖激酶广泛存在于各种生物的各个组织，对葡萄糖具有较高的亲和力。在肿瘤细胞中主要是通过糖酵解的方式获取能量，在培养的正常细胞中糖代谢途径主要是依赖三羧酸循环的有氧呼吸。Sf9 细胞具有非常高效的氧化代谢能力，通过葡萄糖向丙酮酸转化将葡萄糖这种碳源进一步融入 TCA 循环[97,98]，葡萄糖的氧化作用占整个代谢循环中碳通量的80%。

## 1.5.2 杆状病毒侵染对昆虫细胞能量代谢的影响

细胞能量代谢不仅对细胞存活至关重要，而且对许多病毒产生子代以及活跃的病毒复制也有利[99]。因此，细胞能量代谢一直是病毒与宿主之间斗争的焦点，而能量代谢压力则是这种斗争的结果[100]。2009 年，Bernal的研究首次将代谢通量分析（Metabolic flux analysis，MFA）应用于 Sf9 细胞，定量分析了细胞代谢，建立了 Sf9 细胞系中央代谢模型，该模型能够描述在不同细胞密度下发生的代谢变化，也能描述杆状病毒感染后的结果。该研究结果表明杆状病毒感染会影响细胞代谢，使得受感染细胞的代谢机制更有利于病毒复制[97]。

系统生物学方法也被用于分析病毒 – 宿主细胞相互作用[101-103]。病毒高效利用细胞资源进行复制，会导致 mRNA 和蛋白质合成的显著变化，并诱导与抗病毒反应相关的复杂信号转导通路。这些效应会影响宿主细胞的形态和代谢状态，甚至可能诱导细胞凋亡[104]。杆状病毒感染给昆虫细胞带来了重要的代谢负担[97,105-107]。感染后，抑制宿主细胞基因的表达，促进病毒复制。此外，宿主细胞对病毒感染的反应已经被报道，结果显示病毒侵染后宿主细胞的代谢过程会被重新排列以提高系统的生产力[108,109]。

Bernal 等人发现 Sf9 细胞内 ATP 含量依赖于生长阶段，在指数增长期间，ATP 含量略有增加，在静止期开始时达到最大值。在细胞死亡阶段，ATP 浓度下降，表明细胞活性和活力下降（图 1-8）。细胞内 ATP 含量的急剧增加是由于杆状病毒感染引起的细胞周期停止以及随后明显的分裂速度减慢引起的[98]。代谢通量的结果表明在杆状病毒感染的 Sf9 细胞中，己糖激酶（hexokinase，HexK）是主要的控制酶。

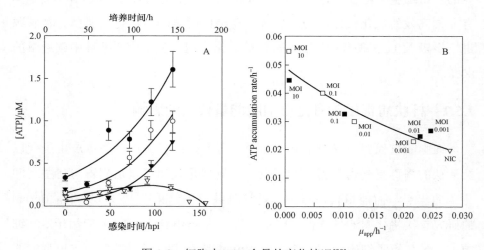

图 1-8　细胞内 ATP 含量的变化情况[98]

无论是正常培养还是加杆状病毒侵染的 Sf9 细胞，细胞内 ATP 的净合成都较高，这是 TCA 循环活跃的结果，反映了 Sf9 细胞系具有高效的代谢活力[97]。2017 年，Monteiro 等人发现 Sf9 细胞含有更多以 ATP 的形式存在的能量，可以提供一个更适合杆状病毒生命周期进程和病毒粒子成熟的环境。同时还发现 Sf9 细胞和 High Five 细胞这两种细胞系的代谢活动有所不

同，但对杆状病毒感染的反应却非常相似，显著地提高细胞内整体能量的
产生，TCA 循环净通量增加，同时乳酸和丙氨酸溢出减少[110]。这些改变
最终会导致 ATP 合成速率的增加，反映了被感染的细胞内能量状态的提
升。这是一个更有利的方案来提供更多的能量用来维持较高的生物合成
需求。这与之前的研究结果相一致，病毒为了自身利益而操纵宿主代谢通
路，从而产生了一个更易于控制的环境来支持其复制周期，杆状病毒也不
例外。

## 1.6　杆状病毒 *pk2* 基因的研究进展

### 1.6.1　*ac-pk2* 基因

　　*ac-pk2* 基因位于 AcMNPV 基因组的第 123 个开放阅读框，全长 664 bp，
编码一段包含 215 个氨基酸的多肽，与真核细胞的蛋白激酶同源性较高。
Ac-PK2 包含 11 个基序，其中有 6 个较为保守[111]。1995 年，Li 等分析了
*ac-pk2* 基因在转录和翻译水平上的表达情况以及该基因在杆状病毒复制过
程中的作用。Southern blot 印迹的结果显示 *ac-pk2* 基因转录的早期 RNA 长
度为 1.2 kb。Western blot 分析显示 PK2 蛋白在病毒感染早期和晚期均存在。
他们的结果显示 *ac-pk2* 基因缺失对子代病毒的数量没有明显影响，对杆状
病毒的传染性和毒性也没有显著影响，这个结果表明 Ac-PK2 似乎对病毒复
制没有重大意义[112]。之后进一步的研究发现并不是这样，Ac-PK2 在病毒
侵染进程中发挥着重要的功能[113]。

### 1.6.2　杆状病毒 *pk2* 基因同源性分析

　　因为杆状病毒的 PK2 蛋白和昆虫细胞中的 eIF2α 激酶（HRI）序列相
似性较高，推测该基因是从宿主细胞中水平转移到病毒基因组的[112-114]。在

*alpha* 杆状病毒中，PK2 蛋白是相对保守的，家蚕核型多角体病毒（BmNPV）、尺蠖核型多角体病毒（RoMNPV）、金弧夜蛾核型多角体病毒（ToNPV）和小菜夜蛾核型多角体病毒（PxNPV）的 PK2 蛋白序列同源性比对的分析如图 1-9 所示。

```
AcMNPV-PK2.seq  MKPEQLVYLNPRQHRIYIASPLNEYMLSDYLKQRNLQTFAKTNIKVPADFGFYISKFVDLVSAVRAIHSVNIVHH  75
BmNPV-GCN.seq   MKPEQLVYLNPRHHRIYFASPLNEYMLSDYLKQRNLQIFAKTNIKVPADFGFYISKFVDLVSAVEAIHSVNIVHH  75
PxMNPV-PK2.seq  MKPELLVYLNPRQHRIYFASPLNEYMLSDYLKQRNLQIFAKTNIKVPADFGFYISKFVDLVSAVRAIHSVNIVHH  75
RoMNPV-PK2.seq  MKPEQLVYLNPRQHRIYFASPLNEYMLSDYLKQRNLQTFIKTNIKVPADFGFYISKFVDLVSAVRAIHSVNIVHH  75
ToNPV-PK2.seq   MKPQELIYLSFQRHRIYFASPQNEYMLSDYLKHRNLQIFTKTDNRVPADFKFYISKFIDLVSAVAVHFVNIVHH  75

AcMNPV-PK2.seq  NINPEDIFMTGPDFDLYVGGMFGSLYKTFIRNNPQNITLYAAPEQIKKVYTPKNDMYSLGIVLFELIMPFKTALE  150
BmNPV-GCN.seq   NINPEDIFMTGPDFDLYVGGMFGSLYKTFIRNNPQNITLYAAPEQIKKVYIPENDMYSLGIVLFELIMPFKTALE  150
PxMNPV-PK2.seq  NINPEDIFMTGPDFDLYVGGMFGSLYKTFIRNNPQNITLYAAPEQIQKVYTPKNDMYSLGIVLFELIMPFKTALE  150
RoMNPV-PK2.seq  NINEKDIFMTGPDFNLYVGGMFGTLYKTFIRNNPQKATLYAAPEQIKKVYIPKNDMYSLGVVLFELIMPFKTALE  150
ToNPV-PK2.seq   NINTNDVFMSGPNFHLYVGGMFGTLYKTFIKNNPHKITLYAAPEQARKIYCPKNDMYSLGVVLFEFIMPFKNDLE  150

AcMNPV-PK2.seq  RETTLTNFRNNVQQMPASLSQGHPKLTEIVCKLIQHDYSQRPEAEWLLKEMEQLLEYTTCSKKL  215
BmNPV-GCN.seq   RETTLTNFRNNVQQMPASLSQSHPKLTEIVCKLIQHDYSQRPNAKWLLKEMEQLLLEYTTGSKRTIKEGFGDKA  224
PxMNPV-PK2.seq  RETTLTNFRNNVQQMPASLSQGHPKLTEIVCKLIQHDYSQRPDAEWLLKEMEQLLLEYTTCSKKL  215
RoMNPV-PK2.seq  RETALTNFRNNVHQMPSNLSRDHPKLTIVCKLIQHDYSQRPDAAWLLKEMEQLLLEYTTCSKKL  215
ToNPV-PK2.seq   REITLTGFRNNEQKMPANLYRDHPKLVNVVAKLIQLDYNRRPDASTLMTEMEQLLMEYTACSK  213
```

图 1-9  杆状病毒 PK2 蛋白序列同源性比对

## 1.6.3  杆状病毒 PK2 蛋白的结构和功能

真核生物翻译起始因子 2α（eIF2α）的磷酸化是一种在应激条件下限制蛋白质合成的常见机制。杆状病毒的 PK2 蛋白的三维结构如图 1-10 所示，其 C 端与 eIF2a 蛋白激酶的 C 端结构域相似，被发现可以抑制人和酵母 eIF2α 激酶的活性。1998 年，Dever 等人发现人类蛋白激酶 PKR（RNA-regulated kinase）是一种 eIF2α 激酶，可以在病毒侵染后磷酸化 eIF2α 来降低病毒蛋白质合成，其对病毒产生的负调控作用被 PK2 蛋白所抵消，这表明杆状病毒进化出了一种独特的阻断宿主应激反应的策略。此外，还发现 PK2 蛋白可以在体内与 PKR 形成复合物，阻断激酶的自磷酸化，提示激酶抑制机制是由截短的激酶结构域（PK2）和完整激酶结构域（PKR）之间的相互作用所介导[113]。

20

2015 年，Li 研究了杆状病毒编码的 PK2 蛋白在体内抑制 eIF2α 家族激酶（PKR）的机制[73]。虽然 PK2 结构模拟结果显示其 C-lobe 蛋白激酶结构域拥有可以和 eIF2α 互作所需的结构，但结果表明，PK2 蛋白发挥功能是通过直接结合的 eIF2α 的激酶（PKR），而不是 eIF2α。PK2 蛋白包括 N 端 22 个残基和模仿 eIF2α 激酶 C-lobe 的结构域（EKCM）。一系列的截短突变和互作实验的结果表明，PK2 蛋白通过其 N-lobe 吸引 eIF2α 激酶，通过 lobe-swapping 机制竞争性地与 eIF2α 激酶结合，形成异源二聚体，从而抑制 eIF2α 激酶形成同源二聚体被激活。噬斑实验结果表明缺失 *ac-pk2* 的 AcMNPV 侵染 Sf9 细胞后，子代病毒的产量降低[73]。

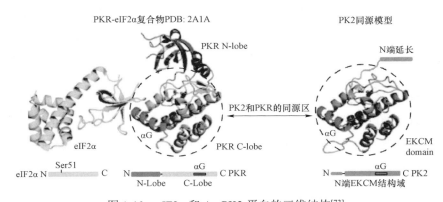

图 1-10　eIF2α 和 Ac-PK2 蛋白的三维结构[73]

# 1.7　论文设计思路

## 1.7.1　研究内容及创新意义

首先，基于我们实验室之前对重组病毒 AcMNPV-*Bm*K IT 的研究结果，通过转录组学的方法深入分析了 AcMNPV-*Bm*K IT 侵染对宿主细胞中基因转录表达水平的影响,进一步明确 *Bm*K IT 在重组病毒侵染进程中的作用机制,并由此发现病毒侵染影响了宿主细胞的蛋白质翻译以及代谢过程,文献调研结果显示 AcMNPV 表达的 Ac-PK2 蛋白可以在病毒侵染后营救蛋白质的翻译起始,那么过表达 Ac-PK2 蛋白是否会对宿主细胞的蛋白质翻译、能量代谢、子代病毒的合成产生影响,从而进一步提高 AcMNPV 的抗虫活性?

接下来,通过 Bac-to-Bac 重组转座系统构建了重组杆状病毒 AcMNPV-PK2-EGFP/RFP,在细胞水平上明确了 AcMNPV 调控的 Ac-PK2 蛋白过表达对宿主细胞蛋白质翻译和能量代谢的影响,分析了重组杆状病毒 AcMNPV-PK2-EGFP 的细胞毒力。通过研究重组病毒 AcMNPV-PK2-EGFP 侵染后宿主细胞内凋亡通路的变化情况,寻找重组杆状病毒作用于昆虫宿主凋亡信号通路的新靶点,明确重组病毒 AcMNPV-PK2-EGFP 加速宿主细胞凋亡的分子机制。

最后,在虫体水平上分析了重组杆状病毒 AcMNPV-PK2-EGFP 的抗虫活性及作用机制,并进一步研究了 AcMNPV-PK2-EGFP 与 AcMNPV-*Bm*K IT 共侵染是否具有协同效应。

综上所述,本研究以重组 *Bm*K IT 和 Ac-PK2 蛋白的杆状病毒 AcMNPV-*Bm*K IT 和 AcMNPV-PK2-EGFP 为研究对象,探讨了重组杆状病毒的侵染对宿主细胞基因转录表达、蛋白质合成、能量代谢、细胞凋亡的影响,阐明了重组杆状病毒感染宿主细胞和宿主虫体的规律和分子机制,研究结果对揭示重组昆虫特异性杆状病毒侵染宿主细胞的机制具有参考价值。

## 1.7.2 实验技术流程

第 2 章的实验技术流程如图 1-11 所示。

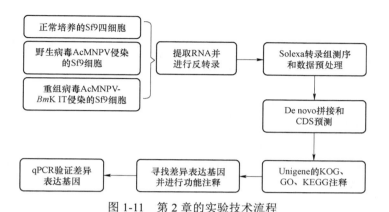

图 1-11　第 2 章的实验技术流程

第 3 章的实验技术流程如图 1-12 所示。

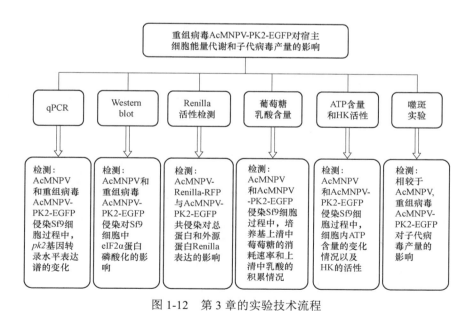

图 1-12　第 3 章的实验技术流程

第 4 章的实验技术流程如图 1-13 所示。

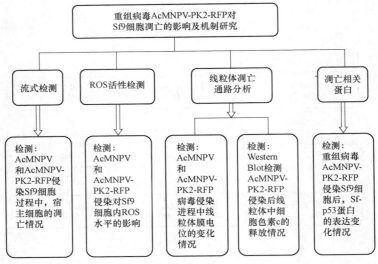

图 1-13　第 4 章的实验技术流程

第 5 章的实验技术流程如图 1-14 所示。

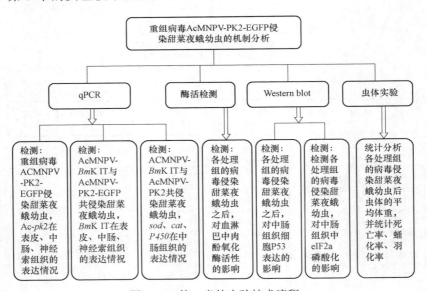

图 1-14　第 5 章的实验技术流程

# 第2章 转录组测序筛选 AcMNPV-*Bm*K IT
# 侵染后 Sf9 细胞中的差异表达基因

## 2.1 引 言

蝎毒素根据肽链长短可分为长链毒素和短链毒素。根据作用离子通道不同分为 $Na^+$、$K^+$、$Ca^{2+}$、$Cl^-$ 离子通道毒素。本研究的 *Bm*K IT 是来源于东亚钳蝎的长链的特异作用于昆虫细胞 $Na^+$离子通道的兴奋型蝎毒素。之前本课题组通过 Bac-to-Bac 重组病毒构建系统，将 *Bm*K IT 基因构建到 AcMNPV 基因组的强启动子下，以期提高 AcMNPV 对农业害虫的抗虫效果。结果表明 AcMNPV-*Bm*K IT 在感染前期促进宿主细胞 P53 蛋白的高表达，加速细胞的凋亡进程，同时促进了抗凋亡基因 *p35* 的转录，增强了病毒的抗凋亡能力。同时还发现 AcMNPV-*Bm*K IT 处理会引发宿主细胞肌动蛋白重排，推迟了肌动蛋白向核内聚集，加快肌动蛋白出核。虫试的结果表明 AcMNPV 调控表达的 *Bm*K IT 可以增强杆状病毒的杀虫活性[114]。转录组分析是在整体水平上研究细胞中基因转录的情况及转录调控规律，是从 mRNA 水平研究基因的表达情况[115]。可以识别在特定的组织或不同发展阶段或细胞应对外界刺激时的反应，是鉴定不同处理组差异表达基因的重要手段。基于我们实验室前期的工作，为了从整体水平上研究 AcMNPV-*Bm*K

IT 侵染 Sf9 细胞的进程中细胞内转录水平的变化情况，进行了转录组学的高通量测定，并进行了深入分析。

# 2.2  实验材料

## 2.2.1  细胞株和病毒株

细胞：草地贪夜蛾卵巢细胞株 Sf9 由本实验室保存。

病毒：苜蓿银纹夜蛾核型多角体病毒 AcMNPV 由本实验室保存；

重组病毒 AcMNPV-*Bm*K IT（IE1）由本实验室构建保存。

## 2.2.2  主要实验试剂

琼脂糖、青链霉素、中性红染料、DEPC 水、软琼脂购自生工生物工程（上海）股份有限公司；SIM SF 无血清昆虫细胞培养基（serum-free insect cell culture medium）购自 Sino Biological Inc.公司；TRIzol 试剂购自赛默飞世尔科中国有限公司；二甲基亚砜 DMSO 购自北京索莱宝；细胞裂解液苯甲基磺酰氟 PMSF 购自碧云天生物技术有限公司；反转录试剂盒、SYBR Green Master Mix 试剂盒购自北京全式金生物技术有限公司。

## 2.2.3  主要仪器设备

实验所需的主要仪器设备见表 2-1。

表 2-1  实验所需的主要仪器设备

| 主要仪器 | 生产厂家 |
| --- | --- |
| 昆虫细胞培养箱（ROLL-IN） | 美国，Bellco Glass |
| 细胞培养超净工作台（SW-CJ-1F） | 中国，苏州安泰 |
| 倒置显微镜（CK-40） | 日本，Olympus |

续表

| 主要仪器 | 生产厂家 |
| --- | --- |
| 小型台式离心机（5424） | 德国，Eppendorf |
| 高压蒸汽灭菌锅（G154DW） | 美国，Zealway |
| 涡旋振荡器（Heidolph REAX2000） | 德国，Heidolph |
| 电泳仪电源（Mini-Pro TEAN Tetra system） | 美国，BIO-RAD |
| 标准型 PH 计（Orion，STAR A211） | 美国，Thermo Fisher |
| 电子天平（BL310） | 德国，Sartorius |
| 磁力搅拌器（IKAMAG RH） | 德国，IKA |
| 小型冷冻高速离心机（5417） | 德国，Eppendorf |
| 实时荧光定量 PCR 系统（Stepone plus™） | 美国，Thermo Fisher |

# 2.3  实验方法

## 2.3.1  Sf9 细胞的培养

用镊子迅速从液氮中取出冻存的 Sf9 细胞，于 37 ℃水浴锅中使液体在 1 min 内融化，期间需要不停地晃动冻存管。将冻存管中的细胞悬液倒入提前加了 3 mL 无血清培养基的细胞培养瓶，将细胞瓶放平后前后左右晃动使细胞混匀，置 27 ℃培养箱培养，24 h 后待细胞贴壁成功，将上清弃掉，加入 4 mL 的新培养基，放入 27 ℃培养箱中继续培养。

## 2.3.2  蚀斑检测

待培养瓶中的细胞长满后，将细胞吹起铺到 6 孔板中，每孔约 $1 \times 10^6$ 个细胞。待细胞贴壁后，弃上清，加入事先用培养基 10 倍梯度稀释的病毒液，每孔 500 μL。27 ℃吸附 1 h 后弃掉病毒液，并用 PBS 清洗细胞后，每孔加入 2 mL 1.5%的营养琼脂，静置 20 min 待其凝固后，倒置于 27 ℃培养箱。4 到 5 天后加入含 2%中性红染料的营养琼脂置于 27 ℃培养箱孵育 12 到 24 h，肉眼观察噬斑数，最后计算有感染活性的出芽型的病毒滴度[8,112,113]。

病毒滴度=最高稀释倍数的蚀斑数×最高稀释倍数/接种病毒量（mL/孔）

MOI=病毒滴度（pfu/mL）×接种病毒量（mL）/感染的细胞总数

### 2.3.3　细胞处理

细胞培养瓶中细胞长满后弃去旧培养基，加入 4 mL 新的无血清培养基后吹打细胞使悬浮混匀，并用细胞计数板计数。取新的细胞瓶，加入 $1×10^7$ 个细胞，补入新的培养基，置于 27 ℃培养箱培养。待细胞贴壁后，加入病毒滴度为 $1.5×10^7$ pfu/mL 的 AcMNPV/AcMNPV-*Bm*K IT（IE1）各 1 mL（即感染复数为 1.5 MOI），病毒侵染 72 h 后，弃上清并收集细胞。

### 2.3.4　RNA 提取和反转录

① 将上一步收集到的细胞加入到 1.5 mL 离心管中，8 000 r/min 离心 2 min，弃上清，加入 1 mL Trizol 吹打至无沉淀。

② 室温静置 5 min 后，向离心管中加入氯仿 200 μL，用力振荡至出现乳白色。

③ 室温静置 5 min 后，4 ℃离心机 12 000 r/min 离心 15 min，离心管中的液体会出现三层，上层是 RNA，中间层是 DNA，下层是蛋白质，吸取上层液体至新的离心管并记录体积。

④ 向离心管中加入等体积的异丙醇混匀，室温静置 10 min 后，4 ℃离心机 12 000 r/min 离心 10 min，弃上清。

⑤ 向离心管中加入 75%乙醇 1 mL，上下颠倒混匀，4 ℃离心机 12 000 r/min 离心 5 min，弃上清。重复此步骤两次。

⑥ 将装有沉淀的离心管在超净台中吹干，约 30 min，向离心管中加入 30 μL DEPC 水溶解，得到 mRNA。

⑦ 用反转录试剂盒将得到的 mRNA 反转录成 cDNA。

## 2.3.5　Solexa 转录组测序

将反转录得到的 cDNA 交由生工生物工程（上海）股份有限公司进行测序和数据分析。共三个处理组：AcMNPV-*Bm*k IT 处理组（简写为 ABT），AcMNPV 处理组（简写为 AT）、未处理组（简写为 C）。

## 2.3.6　qPCR 实验

① 细胞种板：待细胞瓶中的细胞长满后，弃去旧培养基，加入 4 mL 的新培养基，将细胞吹起混匀，进行细胞计数，之后种 6 孔板，每孔 $1 \times 10^6$ 个细胞，27 ℃ 培养箱过夜培养。

② 病毒感染：用 AcMNPV/AcMNPV-*Bm*K IT 感染细胞 72 h，各处理组加病毒 $1.5 \times 10^6$ pfu/mL（1.5 MOI）。

③ 总 RNA 的提取及反转录：方法同本章 2.3.4。

④ qPCR：将得到的 cDNA 用 2×QuantiFast SYBR Green PCR 试剂盒两步法 qPCR 检测，步骤如下：ⓐ 95 ℃，5 min；ⓑ 95 ℃，10 s；ⓒ 58 ℃，30 s；ⓓ 72 ℃，30 s。

②～④重复 40 个循环。对候选的差异表达基因的转录水平进行分析，引物序列如表 2-2。

表 2-2　候选的差异表达基因的引物序列

| 引物名称 | 引物序列（5′～3′） |
|---|---|
| Acorf30 上游引物 | GGGCGAAGAGGGATTGTT |
| Acorf30 下游引物 | GCGATAAGTGTTGGCATTGA |
| Acorf109 上游引物 | TGCCCGTTTCAGATTCAAGT |
| Acorf109 下游引物 | GGCACGTACACGATCAAGTTT |
| TRAF6 上游引物 | GCACCGCCACTAAACAATACT |
| TRAF6 下游引物 | TCGCTATCACTATGTCCTGCTC |
| α-amylase 上游引物 | CGTTATGCTGATGCCTGGT |
| α-amylase 下游引物 | TGATTGGGTCGTCTGTGTTG |

续表

| 引物名称 | 引物序列（5'～3'） |
|---|---|
| △9-AcDt 上游引物 | TACTCCGAAACCGATGCTG |
| △9-AcDt 下游引物 | AAGTCGCTCAGGTCAATGGT |
| Tret1 上游引物 | GCCAACACTTTCTGCTTCAAC |
| Tret1 下游引物 | CGTCTTCACTGCTGCTCTCA |
| FAR 上游引物 | ACGAAGTATTGGGCGAGAGA |
| FAR 下游引物 | CGTGTAGCAGTTGGGATGC |
| 5NUC 上游引物 | GCAACTTCCCGTGGCTAAT |
| 5NUC 下游引物 | TTTCCAACCATTCCTGTTCG |
| PCNA 上游引物 | TTTGAAGAAGGTGTTGGAAGC |
| PCNA 下游引物 | TCTGAGTGTGAGGGAAACCA |
| Ecm29 上游引物 | GAGACAGAGACGGGAACAGC |
| Ecm29 下游引物 | CGTTGGGTAGGACTTTGAACA |
| Xandh 上游引物 | TTGCGAGTTCCAGTATGAGTG |
| Xandh 下游引物 | CGGAGTCGTTGTAAGAGCAG |

# 2.4  实验结果

## 2.4.1  Solexa 测序和原始数据质量预处理

本次测序采用 Hiseq2500 PE125 模式，鉴于 Solexa 数据错误率对结果的影响，对得到的数据进行了质量预处理。质量预处理结果如表 2-3 所示，样本原始数据量均达到 5 G 以上，各样本数据 Q30 数据比率均在 91% 以上，Q20 数据均在 95% 以上，说明数据质量较高，利于后续数据分析。样本序列大部分均比对到蛾类基因组中，说明测序原始序列不存在明显污染。

表 2-3　原始数据统计结果

| | C | ABT | AT |
|---|---|---|---|
| 所有短序列计数/#: | 43179714 | 46590842 | 47296068 |
| 所有碱基计数/bp: | 5397464250 | 5823855250 | 5912008500 |
| 短序列的平均长度/bp: | 125 | 125 | 125 |
| Q30 碱基计数/bp: | 5 106 619 124 | 5 518 471 454 | 5 591 906 893 |
| Q30 碱基比率/%: | 94.630 609 74 | 94.766 056 42 | 94.601 348 |
| Q20 碱基计数/bp: | 5 256 036 363 | 5 675 777 127 | 5 756 099 414 |
| Q20 碱基比率/%: | 97.385 033 63 | 97.46 368 535 | 97.370 247 8 |
| Q10 碱基计数/bp: | 5 397 140 298 | 5 823 511 126 | 5 911 663 601 |
| Q10 碱基比率/%: | 99.995 000 15 | 99.995 000 14 | 99.995 000 1 |
| N 碱基计数/bp: | 323 952 | 344 124 | 344899 |
| N 碱基比率/%: | 6.00E-05 | 5.90E-05 | 5.80E-05 |
| GC 碱基计数/bp: | 2 526 077 346 | 2 723 605 415 | 2 727 960 638 |
| GC 碱基比率/%: | 46.801 187 17 | 46.766 365 2 | 46.142 704 9 |

## 2.4.2　De novo 拼接和 CDS 预测

去除质量预处理的数据中的 rRNA 序列，并对过滤之后的序列进行合并，之后用 paired-end 的拼接方法对过滤之后的序列进行 de novo 拼接。对拼接序列去重复，最终得到了 98 575 个长度大于 200 bp 的转录本，61 269 个 unigene。我们对这些 unigene 进行了分析，表 2-4 是 unigenes 注释到各数据库的统计结果。图 2-1（a）是 uninenes 的长度分布，我们可以看到大部分 unignenes 分布在 200-300 bp。图 2-1（b）是 unigenes 的 GC 含量分布情况。

获取 NR 数据库最佳比对结果，通过该结果确定 unigene 的 ORF 的读码框，然后根据标准密码子表确定其 CDS 及编码的氨基酸序列，未比对上的 unigene 通过 Orfpredict 软件预测其 CDS 序列。所有 unigene 共 59 295 个预测到 CDS 区，CDS 序列长度分布如图 2-1（c）所示，各长度的 CDS 所占的比例如图 2-1（d）所示。

表 2-4　unigenes 注释结果统计

| 数据库 | 编码蛋白质基因的数量 | 百分比/% |
|---|---|---|
| CDD，保守结构域数据库 | 9 222 | 15.05 |
| KOG，真核生物同源基团簇 | 7 711 | 12.59 |
| NR：NCBI 非冗余蛋白数据库 | 13 609 | 22.21 |
| NT，非冗余核酸序列数据库 | 4 607 | 7.52 |
| PFAM，蛋白质家族数据库 | 8 531 | 13.92 |
| SWISS-PROT，经过注释的蛋白质序列数据库 | 8 927 | 14.57 |
| TrEMBL，未经人工注释的 DNA 序列翻译数据 | 13 605 | 22.21 |
| GO，基因本体论 | 10 443 | 17.04 |
| KEGG，京都基因与基因组百科全书 | 4 874 | 7.96 |
| 至少注释到一个数据库 | 15 315 | 25 |
| 注释到所有的数据库 | 1 814 | 2.96 |
| 功能基因总数 | 61 269 | 100 |

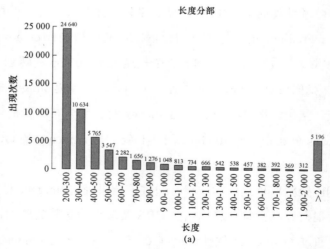

图 2-1　De novo 拼接和 CDS 预测

（a）unigenes 的长度分布

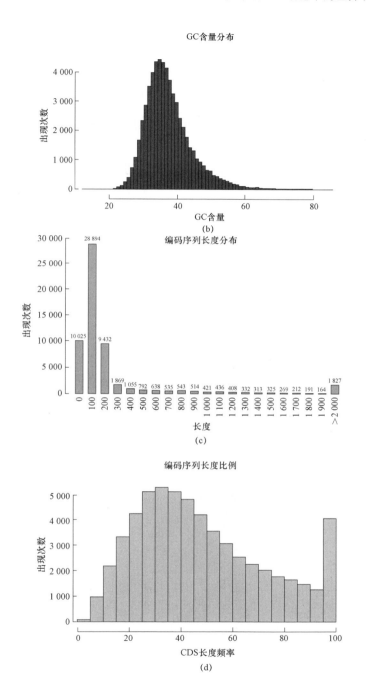

图 2-1　De novo 拼接和 CDS 预测（续）

（b）unigenes 的 GC 含量；（c）CDS 的长度分布；（d）各长度的 CDS 所占的比例

### 2.4.3 Unigene 与公共数据库比较

将 Unigene 序列与公共数据库的基因进行比较，通过基因的相似性进行功能注释。比对的数据库包括 NR、NT、KOG、CDD、PFAM、Swissprot、TrEMBL、GO、KEGG。各数据库注释到的 unigenes 的比例如图 2-2（a）所示。图 2-2（b）是 NR 数据库注释的基因的物种分布，我们可以看到与家蚕的数据库比对上的基因较多，分析原因可能是因为家蚕在数据库中的数据较为丰富，而草地贪夜蛾的数据库不是很完善。图 2-2（c）是各数据库注释到的基因数目的韦恩图。

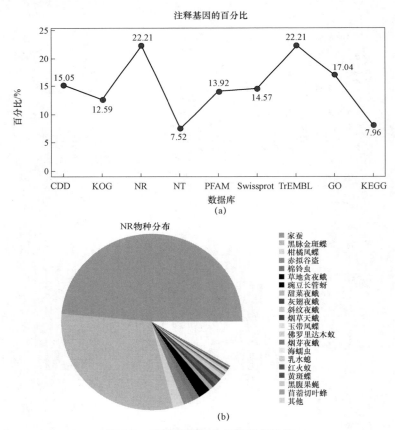

图 2-2　功能基因与公共数据库比较

（a）各数据库注释到的 unigenes 的比例；（b）NR 数据库注释的基因的物种分布

---

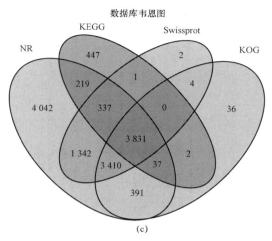

图 2-2　功能基因与公共数据库比较（续）

（c）各数据库注释到的基因数目的韦恩图

## 2.4.4　Unigene 的 KOG、GO、KEGG 注释

"KOG" 是 Clusters of orthologous groups for eukaryotic complete genomes（真核生物蛋白质相邻类的聚簇）的缩写。构成每个 KOG 的蛋白质都是被假定为来自于一个祖先蛋白质，或者是 orthologs 或者是 paralogs。Orthologs 是直系同源，指来自于不同物种的蛋白质典型地保留与原始蛋白质有相同的功能。Paralogs 是旁系同源，指那些在一定物种中的来源于基因复制的蛋白质，可能会进化出新的与原来有关的功能。对各蛋白序列进行 KOG 功能分类预测：共有 7 711 个蛋白质被注释上 26 种 KOG 分类，如图 2-3 所示。

对得到的基因进行 KEGG Pathway 分析，利用 KAAS 预测得到对应的 KO 号，然后利用 KO 号对应到 KEGG pathway 上，分析基因与 KEGG 中注释的关系以及映射到 pathway 的信息。对蛋白质进行 KEGG 注释，其中有 4 874 个基因共注释上 4 211 个 KO，2 853 个基因共注释上 339 个 pathway（图 2-4），该样本注释上蛋白质最多的 5 个分类是：信号转导、分泌系统、蛋白质翻译、碳水化合物的代谢和免疫系统。

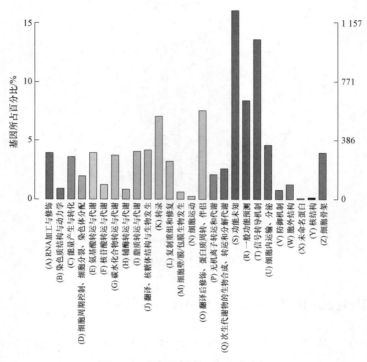

图 2-3　功能基因的 KOG 分类图

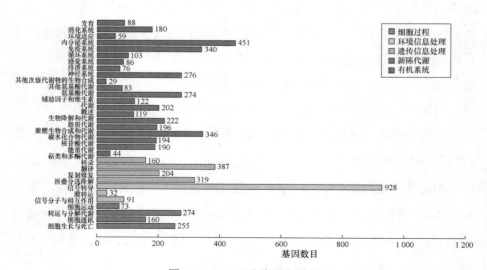

图 2-4　KEGG 分类注释结果

对得到的基因进行 GO 分类，统计基因在生物过程、细胞组分、分子功能三个类别的 GO term。此分析是基于 blast uniprot 的结果，利用得到的 uniprot 号比对 GO term。对蛋白质进行 GO 功能分类预测，有 10 443 个蛋白质被注释上 GO 分类。如图 2-5 所示，样本基因的功能在生物过程这一类别中主要聚集于细胞过程和代谢过程；在细胞组分这一类别中主要聚集于细胞和细胞组分；在分子功能这一类别中主要聚集于结合和催化活性。

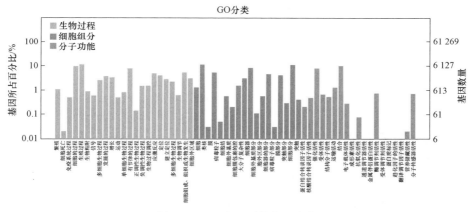

图 2-5　GO 注释到的基因分布

## 2.4.5　表达基因的丰度分析

取拼接后的转录本，采用基于 RPKM（Reads Per Kilo bases per Million reads）值的转录定量方法计算每个样本的转录本的 RPKM 值。我们在三个处理组中共鉴定出 61 269 个蛋白质编码基因，其中在 control（C）处理组中检测到 54 189 个表达基因，在 AcMNPV（AT）侵染的 Sf9 细胞中检测到 57 979 个表达基因，在 AcMNPV-*Bm*K IT（ABT）侵染的 Sf9 细胞中检测到 56 575 个表达基因。三个样本的基因表达分布如图 2-6（a）所示，表明三个样本中基因表达的数量和分布是基本一致的。对 unigenes 进行进一步分析，我们得到了三个样本之间的相关图，如图 2-6（b）所示，红色越深反映样本之间的相似性越高。计算欧几里得距离得到各样本间的树状图，如图 2-6（c）所示，既反映了三个样本之间的欧式距离，也反映了聚类的样本。这说明 AT 和 ABT 的样本是相似的。

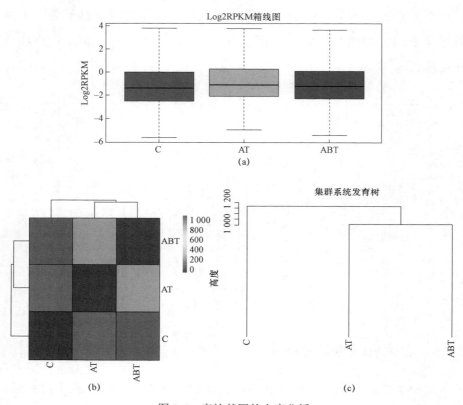

图 2-6　表达基因的丰度分析

（a）三个样本的基因表达分布情况；（b）三个样本之间的相关图；（c）三个样本的聚类分析。

## 2.4.6　差异表达基因分析

分别对 3 个样本的 unigene 做差异表达分析，分为三组：第一组是 ABT 相对 AT（ABT V.S.AT），总共分析到 38 个表达上调的基因，135 个表达下调的基因；第二组是 ABT 相对 C（ABT V.S.C），总共分析到 129 个表达上调的基因，84 个表达下调的基因；最后一组是 AT 相对于 C（AT V.S.C），459 个表达上调的基因，112 个表达下调的基因（表 2-5）。进一步分析发现这三组样本中差异表达基因的功能主要集中在 DNA 复制、DNA 结合、病毒基因组复制、转移酶活性和 ATP 结合活性、蛋白质生物过程等。

表 2-5　差异表达基因统计结果，表中 **up/down** 均是前面相对后面

| Compare | up | down | All |
|---|---|---|---|
| ABT V.S.AT | 38 | 135 | 173 |
| ABT V.S.C | 129 | 84 | 213 |
| AT V.S.C | 459 | 112 | 611 |

为了进一步表征 DEGs 在 AcMNPV 或 AcMNPV-*Bm*k IT 处理中的表达变化，我们以全基因组为背景，对 DEGs 进行 GO 富集分析。GO 分析显示，ABT V.S.AT，ABT V.S.C，AT V.S.C 三组中的 DEGs 注释到的 GO 项分别为 76 项、120 项、108 项（表 2-6）。上调 DEGs 主要涉及跨膜转运活性、细胞器膜、胞质部分、蛋白质翻译、细胞过程等 GO 项。与此相反，下调的 DEGs 涉及病毒包膜、病毒粒子、宿主细胞内膜界细胞器、宿主细胞内区域、病毒过程、生物间的种间相互作用等 GO 项。

表 2-6　各比较组所有差异基因功能富集统计结果

| 不同处理组比较 | 差异表达基因数量 | 注释到 GO 数据库的基因数量 | | 注释到信号通路的基因数量 | |
|---|---|---|---|---|---|
| | | $P \leqslant 0.05$ | FDR$\leqslant 0.05$ | $P \leqslant 0.05$ | FDR$\leqslant 0.05$ |
| ABT V.S.AT | 173 | 76 | 17 | 3 | 0 |
| ABT V.S.C | 213 | 120 | 0 | 12 | 7 |
| AT V.S.C | 611 | 108 | 16 | 9 | 0 |

此外，我们也对 ABT V.S.AT，ABT V.S.C，AT V.S.C 三组中的 DEGs 进行了 KEGG 通路富集分析，结果显示经 ABT V.S.AT，ABT V.S.C，AT V.S.C 三组分别注释到 3 条、12 条、9 条 KEGG 通路（表 2-6）。上调的 DEGs 大

部分被注释到 PPAR 信号通路、cGMP-PKG 信号通路、钙信号通路、DNA 复制、细胞周期、RNA 转运。下调的 DEGs 涉及的信号通路包括细胞色素 P450 对外源化合物的代谢、细胞周期、蛋白质翻译、柠檬烯和蒎烯降解、DNA 复制等。蛋白质翻译起始对于蛋白质翻译来说至关重要，杆状病毒侵染后宿主细胞会通过激活 eIF2α 激酶磷酸化 eIF2α 来抑制翻译起始抵抗病毒的侵染，而杆状病毒表达的 Ac-PK2 蛋白可以通过营救翻译起始来帮助病毒复制，说明 *ac-pk2* 基因对于病毒的复制至关重要，后续我们对该基因进行了进一步的研究。

### 2.4.7　qPCR 验证差异表达基因

我们从 AT V.S.C 组和 ABT V.S.AT 组选取了 11 个候选的差异表达基因进行 qPCR 验证（表 2-7），并进一步分析了这些基因在 AcMNPV 侵染 Sf9 细胞进程中的潜在功能。AT V.S.C 组：5′-核苷酸酶（5′-nucleotidase，5NUC）参与核酸的分解代谢，黄嘌呤脱氢酶（Xanthine dehydrogenase，Xandh）参与嘌呤降解途径，蛋白酶体相关蛋白（proteasome-associated proteins Ecm29）为 26S 蛋白复合体与靶蛋白的接头蛋白是一种蛋白酶体稳定剂，脂酰辅酶 A 还原酶（fatty acyl CoA reductase，FAR）可以催化脂酰辅酶 A 还原为脂肪醛，增殖细胞核抗原（proliferating cell nuclear antigen，PCNA）是 DNA 聚合酶 δ 的辅助蛋白，可以促进 DNA 聚合酶 δ 延伸 DNA 链。ABT V.S.AT 组：*Tret1*（Facilitated trehalose transporter）基因为海藻糖转运促进因子，*ac30* 基因为 AcMNPV 的保守基因，*ac109* 基因是 AcMNPV 核心基因，TRAF6 为肿瘤坏死因子 TRAF 家族的基因，α 淀粉酶（α-amylase）基因参与碳水化合物的运输和代谢，Δ9 脂酰脱饱和酶基因（acyl-CoA delta-9 desaturase，Δ9-AcDt）主要功能是参与脂质的运输与代谢。qPCR 验证结果如图 2-7（a）和 2-7（b）所示，与转录组测序的结果基本一致。

表 2-7　候选的差异表达基因

| 基因 ID | 蛋白描述 | 上升/下降 |
|---------|----------|-----------|
| Comp23327-co-seq1 | 5′-核苷酸酶 | 上升 |
| Comp180922-co-seq1 | 黄嘌呤脱氢酶 | 上升 |
| Comp19551-co-seq2 | 蛋白酶体相关蛋白 | 下降 |
| Comp11044-co-seq1 | 脂肪酰基辅酶 a 还原酶 | 下降 |
| Comp15629-co-seq2 | 增殖细胞核抗原 | 下降 |
| Comp44613-co-seq1 | 促进海藻糖转运蛋白 | 上升 |
| Comp17063-co-seq1 | Acorf30 | 下降 |
| Comp21335-co-seq1 | Acorf109 | 下降 |
| Comp21345-co-seq1 | TNF 受体相关因子 6 | 下降 |
| Comp28721-co-seq1 | δ-9-酰基辅酶 a 去饱和酶 | 下降 |
| Comp10334-co-seq1 | a-淀淀酶 | 下降 |

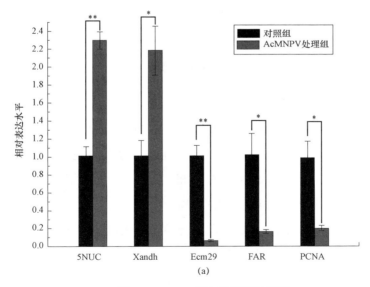

图 2-7　qPCR 鉴定差异表达基因

（a）RT-PCR 对 AT V.S.C 组的 5 个候选基因的表达进行检测

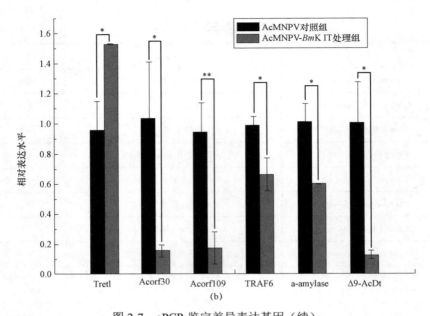

图 2-7　qPCR 鉴定差异表达基因（续）

（b）RT-PCR 对 ABT V.S.AT 组的 6 个候选基因的表达进行检测，*β-actin* 作为内参基因。

（*$P<0.05$；**$P<0.01$）

# 2.5　讨　论

本章节采用转录组学的方法探索了 AcMNPV、AcMNPV-*Bm*K IT 侵染后对 Sf9 细胞中基因转录水平的影响。鉴定出一系列的差异表达基因，并对差异表达基因进行了 GO 和 KEGG 分析。之后选了 11 个差异表达基因通过 qPCR 的方法对其表达进行了鉴定[116]。

相较于未处理组，AcMNPV 的侵染会导致宿主细胞的 5′-核苷酸酶和黄嘌呤脱氢酶的表达上调。5′-核苷酸酶可以参与核酸的分解代谢，催化核苷酸分解成核苷和无机磷酸盐，黄嘌呤脱氢酶可以催化次黄嘌呤转换为尿酸，黄嘌呤是核酸代谢的产物。推测病毒处理导致宿主细胞核酸代谢相关基因表达上调，加速核酸的分解代谢。AcMNPV 侵染也会导致蛋白酶体相关蛋白 Ecm29 表达下调，该蛋白质是 26S 蛋白复合体与靶蛋白的接头蛋白，是一种蛋白酶体稳定剂，说明病毒处理可能减缓了细胞内蛋白酶体的泛素化降解途径。宿主细胞的增殖细胞核抗原（PCNA）在 AcMNPV 侵染后表达下调，该蛋白是 DNA 聚合酶 δ 的辅助蛋白，可以促进 DNA 聚合酶 δ 延伸 DNA 链，说明病毒侵染后宿主细胞可能通过抑制 DNA 合成来作为一种抗病毒反应。后续的研究发现 Ac-PCNA 与 Sf-PCNA 具有 43.73% 的氨基酸序列同源性，这两个蛋白质的 C 端和 N 端是高度保守的。通过绝对定量 qPCR 检测了 Ac/Sf-PCNA 对病毒以及宿主细胞 Sf9 基因组 DNA 复制的影响，结果显示 AcMNPV 介导的 Ac-PCNA 和 Sf-PCNA 的过表达可以刺激 AcMNPV 基因组和 Sf9 基因组的复制，提高子代病毒产量。同时，AcMNPV-Ac/Sf-pcna-EGFP 对 Sf9 基因组在感染过程中的复制也具有显著的刺激作用。

对于 ABT V.S.AT 组，发现相对于野生型病毒 AcMNPV，重组病毒 AcMNPV-*Bm*K IT 的侵染会导致 *Tret1* 海藻糖转运促进因子表达显著上调，*α-amylase* 基因显著下调。海藻糖转运促进因子可以帮助糖类转运，α-淀粉酶参与碳水化合物的运输和代谢，在碳水化合物消化的最后一步扮演一个重要角色。关于 *ac109* 和 *ac30* 这两个表达下调的基因，后续的研究结果发现相较于 AcMNPV 处理组，AcMNPV-*Bm*K IT 处理组能够使 Ac109 在核内聚集提前 24 h，使 Ac30 在核内的聚集延迟 24 h，说明 *Bm*K IT 可通过影响 Ac109 与 Ac30 在核内聚集进而影响了子代病毒产量[117]。Δ9 脂酰脱饱和酶基因表达的蛋白 OLE1 主要功能是参与脂质的运输与代谢，AcMNPV-*Bm*K IT 侵染后表达下调。推测说明 AcMNPV-*Bm*K IT 侵染会影响宿主细胞内糖代谢和脂质代谢相关基因的表达。肿瘤坏死因子可以激活 NF-kB 信号通路，该信号通路在免疫系统中发挥着重要的作用[118]，TRAF6 的表达下调说明 AcMNPV-*Bm*K IT 处理组 NF-kB 信号通路的激活可能受到抑制，进而抑制细胞的免疫，有利于病毒复制。

差异表达基因的 GO 分析和 KEGG 分析的结果显示，病毒侵染后会引起细胞内蛋白质翻译相关的基因表达发生变化，并且之前的研究表明宿主细胞会通过降低蛋白质的合成来抵抗病毒的入侵。经过文献调研，发现 AcMNPV 表达的 Ac-PK2 蛋白可以在病毒侵染后营救翻译起始[73]，如图 2-8 所示，那么过表达 Ac-PK2 蛋白是否会对宿主细胞的能量代谢、子代病毒的产生以及 AcMNPV 的抗虫活性有影响？接下来我们进行了进一步的研究。

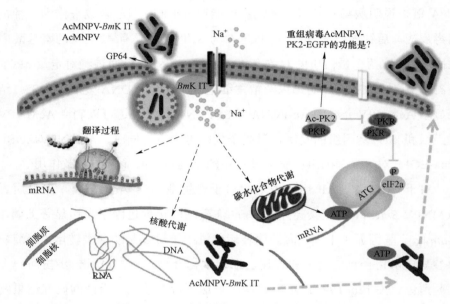

图 2-8　下一步问题提出及工作计划示意图

# 第3章 重组杆状病毒 AcMNPV-PK2-EGFP 可以提高宿主细胞蛋白质合成并影响能量代谢

## 3.1 引 言

近年来，许多农业害虫对化学杀虫剂产生了抗药性。[119]新型抗虫药物的发现和研究引起了学者们的广泛关注，因为化学杀虫剂的大量使用不仅引起了害虫的抗药性，而且还会带来一系列的环境问题。杆状病毒作为一种微生物杀虫剂，具有宿主专一性，对环境污染小，有潜在应用价值和应用前景。上一章转录组分析中病毒侵染后差异表达基因功能注释的结果显示病毒侵染后对宿主细胞中一系列生理生化过程产生了影响，包括 DNA 复制、DNA 结合、病毒基因组复制、蛋白质翻译等。病毒侵染的进程中蛋白质的翻译对于病毒的复制至关重要，但是病毒入侵后翻译起始因子 eIF2α 会被宿主细胞 eIF2α 蛋白激酶磷酸化，使其不能正常发挥功能，影响蛋白质翻译起始。宿主细胞通过降低蛋白质合成来抑制病毒入侵是一种抗病毒免疫。研究发现病毒的 Ac-PK2 蛋白通过其 N-domain 与 eIF2α 蛋白激酶的 N-domain 相互作用竞争性地取代 eIF2α 蛋白激酶的 C-domain，从而形成一个假的激酶，使其不能发挥正常功能来对抗细胞的抗病毒免疫，说明 Ac-PK2 蛋白有利于病毒复制。那么，过表达 *ac-pk2* 基因的重组病毒，其毒力和抗虫活性是否会得到提高？为了进一步研究 *ac-pk2* 基因的功能，本章中构建了过表达 Ac-PK2 蛋白的重组杆状病毒 AcMNPV-PK2-EGFP，分析了其细胞毒性及对宿主能量代谢的影响。

# 3.2　实验材料

## 3.2.1　菌株和质粒

*E. coli* DH5α：由本实验室保存。

*E. coli* DH10B：由本实验室保存。

pFastBac-Dual：下文中简写为 pFB-D，含氨苄青霉素抗性基因，Tn7 的左右两臂序列，两臂序列之间是 P10 蛋白基因的启动子和多角体蛋白的启动子，这两个启动子的下游为多克隆位点。

pRFP-N1：本实验室保存，用于扩增 RFP 基因片段。

p2luc：本实验室保存的双荧光素酶报告质粒，用于扩增 Renilla 片段。

pFastBacDual-EGFP（pFB-D-EGFP）：本实验室之前构建。

## 3.2.2　细胞株和病毒株

细胞：草地贪夜蛾卵巢细胞株 Sf9 由本实验室保存。

病毒：苜蓿银纹夜蛾核型多角体病毒 AcMNPV 由本实验室保存。

## 3.2.3　主要实验试剂

限制性内切酶 *Sma* I、*Xho* I、*Sph* I、*Kpn* I 以及 Taq 酶购自北京全式金生物技术有限公司，T4 DNA 连接酶购自 TaKaRa 公司；转染试剂、海肾荧光素酶活性检测试剂盒购自 promaga 公司；实验中所需引物、琼脂糖、LB 培养基所用的 Tryptone、Yeast Extract、Sodium Chloride、Agar、氨苄青霉素、卡那霉素、庆大霉素、Tween-20、SDS、Tris、Arc、Bis、蛋白预染 Marker、β-actin 抗体、绿色荧光蛋白 GFP 抗体购自生工生物工程（上海）股份有限公司；eIF2-51S 抗体、eIF2-41I 抗体购自博士德生物工程有限公司；质粒小量提取试剂盒及 DNA 胶回收试剂盒购自天根生化科技北京有限公司；异丙基硫代-β-D-半乳糖苷（IPTG）、5-溴-4-氯-3-吲哚-β-D-半乳糖苷（X-gal）、二甲基亚砜 DMSO、BCA 蛋白浓度测定试剂盒试剂、Annexin V FITC/PI 凋亡检测试剂盒购自索莱宝科技有限；细胞裂解液、PMSF 购自碧云天生物技术有限公司；葡萄糖测定试剂盒购自上海荣盛生物药业有限公司；乳酸检测试剂盒、ATP 检测试剂盒、己糖激酶（HK）测试盒购自南京建成生物有限公司；SIM SF 无血清昆虫细胞培养基（Serum-Free insect Cell culture Medium）购自 Sino Biological Inc.公司。

## 3.2.4　主要仪器设备

实验所需的主要仪器设备见表 3-1。

表 3-1　实验所需的主要仪器设备

| 主要仪器 | 生产厂家 |
| --- | --- |
| 蛋白电泳仪（Power-PAC 200） | 美国，BIO-RAD |
| 转膜系统（Mini-Trans-blot system） | 美国，BIO-RAD |
| 台式离心机（Centrifuge5424） | 德国，Eppendorf |
| 恒温金属浴（CHB-100） | 中国，杭州博日 |
| 三孔水浴锅（TDS-3） | 中国，北京通达 |
| 超低温冰箱（NU-6382E） | 美国，NuAirer |
| 倒置相差显微镜（CK-40） | 日本，Olympus |
| 冷冻高速离心机（Centrifuge 5417） | 德国，Eppendorf |
| 荧光显微镜（Ti-U） | 日本，Nikon |
| 超纯水仪（NW2-15VF） | 美国，Millipore |
| BioTek 酶标仪（SMATL1） | 美国，BioTek |
| 双色红外激光成像系统（ODYSSEY CLx） | 中国香港，Gene |

# 3.3　实验方法

## 3.3.1　重组中间载体的构建

### 3.3.1.1　重组中间载体 pFB-D-PK2-EGFP 的构建

从病毒基因组扩增目的基因 *ac-pk2*，上、下游引物分别为 ac-pk2-F：
5′-ATACCCGGGATGAAACCCGAACAATT-3′，ac-pk2-R: 5′-ATCCTCGAGCTAGTT
TTTTAGAACACGTTG-3′，分别在上下游引物的 5′端引入限制性内切酶 *Sma*
I 和 *Xho* I 的识别序列。PCR 扩增 *ac-pk2* 基因，1%琼脂糖凝胶电泳检测扩
增片段，并用 DNA 胶回收试剂盒回收 PCR 产物。

胶回收的 *ac-pk2* 和载体 pFB-D-EGFP 分别用 *Sma* I 和 *Xho* I 进行双酶切，
37 ℃水浴 3 h。1%琼脂糖凝胶电泳检测，用 DNA 胶回收试剂盒回收酶切产
物。*ac-pk2* 和 pFB-D-EGFP 的酶切片段胶回收的产物用 T4 DNA 连接酶于
16 ℃过夜连接。

连接产物转化 DH5α 感受态细菌：将连接产物加到 DH5α 感受态细菌，
冰上静置 1 h。42 ℃热激 90 s，冰上放置 2 min，在超净工作台加 800 μL LB
培养基。37 ℃恒温培养箱 180 r/min 摇菌 1 h。1 h 后取出菌液，8 000 r/min
离心 2 min，弃上清，留 200 μL 将沉淀悬起，均匀地涂布到氨苄抗性的 LB
培养板上，倒置于 37 ℃恒温培养箱过夜培养。之后通过 PCR 筛选并获得
重组质粒 pFB-D-PK2-EGFP。

### 3.3.1.2　重组中间载体 pFB-D-Renilla-RFP 的构建

从质粒 p2luc 扩增目的基因 *Renilla*，上下游引物分别为 Renilla-F：5′-
ATACCCGGGATGACTTCGAAAGTTTATGA-3′，Renilla-R: 5′-ATCCTCGAGTTG

TTCATTTTTGAGAACTCG-3′。分别在上下游引物的 5′端引入限制性内切酶 *Sma* I 和 *Xho* I 的识别序列。PCR 扩增 *Renilla* 基因，1%琼脂糖凝胶电泳检测扩增片段。用 DNA 胶回收试剂盒回收 PCR 产物。

目的基因 *Renilla* 和载体 pFB-D 分别用 *Sma* I 和 *Xho* I 进行双酶切，酶切条件为：37 ℃水浴 3 h，用 DNA 胶回收试剂盒回收酶切产物。胶回收的 *Renilla* 和 pFB-D 的酶切片段得用 T4 DNA 连接酶进行连接，连接条件为 16 ℃过夜。连接产物转化 DH5α，筛选单克隆菌落，提取质粒获得重组质粒 pFB-D-Renilla。

从质粒 pRFP-N1 扩增红色荧光蛋白基因 *rfp*，上下游引物分别为 rfp-F：5′-AGCATGCATGGTGCGCTCCT-3′，rfp-R：5′-ATAGGTACCCAGGAACAGGTGGT-3′。分别在上下游引物的 5′端引入限制性内切酶 *Sph* I 和 *Kpn* I 的识别序列。PCR 扩增 PRF 基因片段，1%琼脂糖凝胶电泳检测扩增片段。用 DNA 胶回收试剂盒回收 PCR 产物。

目的基因 *rfp* 和载体 pFB-D-Renilla 分别用 *Sph* I 和 *Kpn* I 进行双酶切，37 ℃水浴 3 h。之后用 1%琼脂糖凝胶电泳检测酶切片段，用 DNA 胶回收试剂盒回收酶切产物。胶回收的 *rfp* 和 pFB-D-Renilla 的酶切片段用 T4 DNA 连接酶 16 ℃过夜连接。连接产物转化 DH5α 感受态细胞，筛选单克隆菌落，提取质粒获得重组质粒 pFB-D-Renilla-RFP。

### 3.3.2　重组杆粒 Bacmid-PK2-EGFP 和 Bacmid-Renilla-RFP 的获得

①　重组中间载体 pFB-D-PK2-EGFP/pFB-D-Renilla-RFP 转化 DH10B 感受态细胞。取 10 μL 重组中间载体在超净工作台加入到 DH10B 感受态细胞。之后冰上静置 1 h，热激 90 s，冰上放置 2 min。37 ℃恒温摇床摇菌 4 h 后取 50 μL 菌液涂布于加了 X-gal 和 IPTG 诱导剂的 LB 平板。37 ℃恒温培养箱培养 24 h 后，观察平板上菌落生长情况。

②　筛选阳性克隆：用 PCR 方法和 M13 引物（M13-F：5′-

GTTTTCCCAGTCACGAC-3′，M13-R：5′-CAGGAAACAGCTATGAC-3′）
对平板上长出来的菌落进行筛选。

③ 对筛选到的阳性克隆进行摇菌，并提取杆粒。具体操作如下：收集菌体后，加入 300 μL 的溶液 1，震荡至彻底悬浮。之后加入 300 μL 的溶液 2，立即轻柔颠倒，震荡混匀。冰上放置 5 min 后加入 300 μL 的溶液 3，混匀后室温放置 10 min，之后 4 ℃离心机 12 000 r/min 离心 15 min。取上清至新的 EP 管，加入等体积的酚/氯仿（1:1），震荡混匀，4 ℃离心机 12 000 r/min 离心 10 min。取上清至新的 EP 管，加入等体积的氯仿，4 ℃离心机 12 000 r/min 离心 10 min。取上清至新的 EP 管，加入等体积的异丙醇，−20 ℃放置半小时，之后 4 ℃离心机 12 000 r/min 离心 15 min，弃上清，沉淀即为提到的杆粒，之后用 75% 的乙醇洗三次，晾干。

### 3.3.3 重组病毒 AcMNPV-PK2-EGFP 和 AcMNPV-Renilla-RFP 的获得

① 细胞种板：待细胞瓶中的细胞长满后，弃去旧培养基，加入 4 mL 的新培养基，将细胞吹起混匀，进行细胞计数，之后种 12 孔板，每孔 $5 \times 10^5$ 个细胞，在 27 ℃培养箱培养待细胞贴壁。

② 取出 2 个已灭菌的 1.5 mL 的 EP 管，各加 200 μL 的培养基，再加入 2 μL 的重组杆粒 Bacmid-PK2-EGFP/Bacmid-Renilla-RFP 和 6 μL 的转染试剂，震荡混匀后低速离心机瞬离，静置 15 min。

③ 吸去培养板中的上清，将预混匀的转染试剂缓慢加入，置 27 ℃培养 4 h 后补入 800 μL 的新培养基。

④ 在 27 ℃培养箱培养 72 h 后用荧光显微镜观察转染情况，有绿色荧光或者红色荧光，即证明转染成功。获得一代病毒之后，再侵染新的细胞，依次获得二代病毒和三代病毒。三代的重组病毒 AcMNPV-PK2-EGFP/AcMNPV-Renilla-RFP 可用于后续的实验。

### 3.3.4　qPCR 检测 Sf9 细胞中 *ac-pk2* 基因转录表达的变化

（1）细胞种板

待细胞瓶中的细胞长满后，弃去旧培养基，加入 4 mL 的新培养基，将细胞吹起混匀，进行细胞计数，之后种 6 孔板，每孔 $3 \times 10^6$ 个细胞，27 ℃ 培养箱过夜培养。

（2）病毒感染

用 $1.5 \times 10^7$ pfu（5 MOI）的 AcMNPV/AcMNPV-PK2-EGFP 感染细胞 12 h、24 h、36 h、48 h、60 h、72 h。

（3）总 RNA 的提取及反转录

方法同第 2 章 2.3.4。

（4）qPCR 检测

将得到的 cDNA 用 $2 \times$ QuantiFast SYBR Green PCR 试剂盒进行 qPCR 检测，步骤如下

① 95 ℃ 5 min ② 95 ℃ 10 s ③ 58 ℃ 30 s ④ 72 ℃ 30 s。②～④重复 40 个循环。主要对病毒基因 *ac-pk2* 的转录水平进行分析，引物序列见表 3-2。

表 3-2　引物序列

| 引物名称 | 引物序列/5′～3′ |
| --- | --- |
| ac-pk2-上游引物 | CATAACCGAAGAGGAGCAAGTT |
| ac-pk2-下游引物 | TACTGCCATACGACCACAAGAC |
| β-actin-上游引物 | AAGGCTAACCGTGAGAAGATGAC |
| β-actin-下游引物 | GATTGGGACAGTGTGGGAGAC |

### 3.3.5　Western blot 检测 Sf9 细胞中磷酸化 eIF2α的变化

（1）细胞种板

参考本章 3.3.4。

（2）病毒感染

参考本章 3.3.4。

（3）总蛋白提取及浓度测定

将细胞用 PBS 吹起，吸入 1.5 mL 的离心管中，1 500 r/min 离心 4 min。移去上清，加 70 μL 裂解液吹打使细胞悬浮，置冰上 3～5 min，4 ℃ 12 000 r/min 离心 10 min，吸取上清即为总蛋白。将预配好的蛋白显色液分装到 12 联管，每孔加入 2 μL 的蛋白上清，放置 10 min，用酶标仪检测 $OD_{562\,nm}$ 处的吸光值，根据吸光值计相对应的蛋白浓度，并计算上样量，3 次重复。

（4）SDS-PAGE 电泳

制备 10%的 PAGE 胶，加入蛋白样品和预染 Marker 进行电泳。

（5）Western blot 转膜

SDS-PAGE 电泳结束后切去浓缩胶，根据预染 Marker 的大小从分离胶上切出目的条带所在的部分，放入电转液中。将滤纸、垫子及 PVDF 膜提前放入电转液中浸湿。转膜夹子的黑色板上按顺序放好垫子、滤纸、SDS-PAGE 胶、PVDF 膜、滤纸、垫子。夹好后插入电转槽中，将电转槽内全部装满电转缓冲液，冰浴，在 90 V 电压下转膜，转膜时间根据蛋白质分子量大小决定。

（6）抗体孵育

电转完成后取出 PVDF 膜，用 PBST 冲洗一下，置于封闭液中封闭 1 h。之后将膜放入杂交袋，加入提前稀释好的一抗（anti-eIF2α-51S，anti-eIF2α-45I 和 anti-β-actin），4 ℃摇床过夜孵育。第二天早晨取出 PVDF 膜，用 PBST 清洗 3～4 次，每次约 10 min。洗完之后将膜放入杂交袋，加入提前稀释好的荧光二抗（IRDye 800CW，Licor，U.S.A），室温孵育 1 h，再用 PBST 清洗 3～4 次，每次约 10 min。

（7）扫膜

PVDF 膜取出放入奥德赛扫膜仪,利用其红外激光成像系统对目的条带进行成像，并保存到电脑。

### 3.3.6　外源蛋白海肾荧光素酶活性检测

（1）细胞铺板及病毒处理

细胞培养瓶中细胞铺满后弃去旧培养基，再加入 5 mL 无血清昆虫培养基后吹打细胞使悬浮混匀，将细胞种到 6 孔板中，每孔 $3 \times 10^6$ 个，27 ℃ 培养箱过夜培养。用 AcMNPV、AcMNPV-PK2-EGFP 分别与等量的 AcMNPV-Renilla-RFP 感染 Sf9 细胞 24 h、48 h、72 h，各处理组加病毒 $1.5 \times 10^7$ pfu（5 MOI）。

（2）收细胞测海肾荧光素酶的活性

① 准备试剂：用无菌水将 $5 \times PLB$ 裂解液稀释为 $1 \times PLB$，按说明书配制 $1 \times Stop\&Glo$，提前分别分装 10 μL LARII 和 90 μL $ddH_2O$ 至离心管中；

② 将细胞用 PBS 吹起，吸入离心管中，1 500 r/min 离心 4 min，移去上清，震荡裂解；

③ 吸取 10 μL 菌液加入 90 μL $ddH_2O$，得到稀释 10 倍的菌液，再吸取 10 μL 10 倍稀释过的菌液加入 90 μL $ddH_2O$，得到稀释 100 倍的菌液；

④ 快速吸取 2 μL 稀释 100 倍的菌液至 10 μL LARII，加入 10 μL 的 $1 \times Stop\&Glo$，测定海肾荧光素酶的活性；

⑤ 通过海肾荧光素酶的活性反应海肾荧光素酶的表达量，以 AcMNPV 处理组 12 h 的检测结果为 1，计算海肾荧光素酶的相对表达量，之后用 origin8 软件进行作图。

### 3.3.7　总蛋白含量的检测

① 细胞铺板及病毒处理参考本章 3.3.4。

② 将各处理组的细胞用 PBS 吹打，之后用细胞计数板进行细胞计数，各处理组取相同量的细胞，放入离心管中，1 500 r/min 离心 4 min。移去上清，加 70 μL 裂解液吹打使细胞悬浮，置冰上 3～5 min，4 ℃ 12 000 r/min 离心 2 min，吸取 2 μL 上清加入到预配好的蛋白显色液，37 ℃ 放置 30 min，

测 $OD_{562\,nm}$ 的吸光值，确定蛋白含量。

### 3.3.8　葡萄糖消耗速率的检测

（1）细胞铺板及病毒处理

参考本章 3.3.4。

（2）葡萄糖含量测定及葡萄糖消耗速率的计算

在病毒侵染后 12 h、24 h、36 h、48 h、60 h、72 h 吸取少量的上清，利用上海荣盛生物有限公司葡萄糖检测试剂盒检测病毒侵染后各时间点上清中葡萄糖的含量，同时检测原始培养基的葡萄糖含量，具体操作参考说明书。

原始培养基的葡萄糖含量减去侵染 12 h 后上清中葡萄糖的含量，即侵染 12 h 内葡萄糖的消耗量。侵染 12 h 后上清中葡萄糖的含量减去侵染 24 h 后上清中葡萄糖的含量，即侵染 12～24 h 这个时间段内葡萄糖的消耗量，即每 12 h 的葡萄糖消耗速率。以此类推计算侵染不同时间段葡萄糖消耗速率，实验进行 6 次重复。

### 3.3.9　上清中乳酸含量的检测

（1）细胞铺板及病毒处理

参考本章 3.3.4。

（2）上清中乳酸含量的检测

病毒侵染后 12 h、24 h、36 h、48 h、60 h、72 h，吸取少量的上清检测乳酸含量的变化，实验步骤按照南京建成的乳酸含量检测试剂盒说明书进行操作，进行 3 次重复。

### 3.3.10　细胞内 ATP 含量检测

（1）细胞铺板及病毒处理

参考本章 3.3.4。

（2）ATP 含量检测

将细胞用 PBS 吹打，吸入离心管中，1 500 r/min 离心 4 min。移去上清，加 70 μL 裂解液吹打使细胞悬浮，置冰上 3～5 min，12 000 r/min 离心 2 min，吸取上清用于 ATP 含量的测定。实验操作和计算方法参照试剂盒（南京建成生物 ATP 含量测试盒）说明书，实验进行 3 次重复。

### 3.3.11　己糖激酶 HK 的活性检测

（1）细胞铺板及病毒处理

参考本章 3.3.4。

（2）HK 活性检测

将细胞用 PBS 吹打，吸入离心管中，1 500 r/min 离心 4 min。移去上清，加 200 μL PBS 吹打使细胞悬浮，超声波破碎，4 ℃离心机 12 000 r/min 离心 2 min，吸取上清用于检测己糖激酶的活性。实验操作和计算方法参照试剂盒（南京建成生物己糖激酶活性检测测试盒）说明书，实验进行 3 次重复。

### 3.3.12　缺失型病毒的构建及子代病毒产量的检测

（1）缺失 *ac-pk2* 基因的重组病毒的构建

搭桥 PCR 构建线性片段 *pk2*-US＋*cat*＋*pk2*-DS：① 设计引物：U-pk2-F、U-pk2-R；cat-F、cat-R；D-pk2-F、D-pk2-R（表 3-3）。② 第一轮 PCR：以 U-pk2-F、U-pk2-R 为引物，AcMNPV 基因组为引物扩增 *pk2*-US；以 D-pk2-F、D-pk2-R 为引物，AcMNPV 基因组为模板扩增 *pk2*-DS；以 cat-F、cat-R 为引物，pKD3 质粒为模板扩增 *cat*；所用的酶为 Pfu Mix。③ 第二轮 PCR：取 *pk2*-US 和 *cat* 的扩增产物各 2 μL 为模板，以 U-pk2-F、cat-R 为引物，搭桥 PCR 扩增 *pk2*-US＋*cat*，之后胶回收，纯化目的片段。④ 第三轮 PCR：取 *pk2*-US＋*cat* 胶回收产物和 *pk2*-DS 各 2 μL 为模板，以 U-pk2-F、D-pk2-R 为引物，搭桥 PCR 扩增 *pk2*-US＋*cat*＋*pk2*-DS，之后胶回收，纯化目的片段。

之后将线性片段 *pk2*-US + *cat* + *pk2*-DS 转化到 DH10B（pKD46）感受态细胞：在超净工作台取 10 uL 的线性片段加入感受态细胞，移液枪混匀；静置 20 min 后，42 ℃热激 90 s，冰上放置两分钟；30 ℃摇 4 h，线性片段会发生同源重组；取 50 μL 的菌液，涂布卡那氯霉素双抗的 LB 平板；之后筛选包含重组杆粒 Bacmid^△pk2 的 DH10B 细胞，并制备感受态细胞。

表 3-3　构建敲除病毒所用的引物序列

| 引物名称 | 引物序列/5′～3′ |
|---|---|
| U-pk2-上游引物 | 5′-ATGAAACCCGAACAATTGGTTTATTTGAAT-3′ |
| U-pk2-下游引物 | 5′-CTCAAGACGTGTAATGCTGCAATCTGTTGT<br>TTTTGATAAACGTTTTGTAT-3′ |
| cat-上游引物 | 5′-CTATACAAAACGTTTATCAAAAACAACAGA<br>TTGCAGCATTACACGTCTTGAGCG-3′ |
| cat-下游引物 | 5′-CAGCGTACAAAGTTATATTTTGAGGAATATC<br>TCCTTAGTTCCTATTCCG-3′ |
| D-pk2-上游引物 | 5′-CGGAATAGGAACTAAGGAGGATATTCCTCA<br>AAATATAACTTTGTACGCTG-3′ |
| D-pk2-下游引物 | 5′-TTATAGTTTTTTAGAACACGTTGTGTATT<br>CCAA-3′ |

将 pFB-D-EGFP 转化 DH10B（Bacmid^△pk2）感受态，并筛选 *egfp* 基因转座成功的重组杆粒 Bacmid^△pk22-EGFP，并进行 PCR 验证。具体方法参考本章 3.3.2。

将 Bacmid^△pk22-EGFP 转染 Sf9 细胞，72 h 后通过荧光显微镜观察绿色荧光，即可获得缺失 *ac-pk2* 基因的重组病毒 AcMNPV^△pk2-EGFP。具体实验方法见本章 3.3.3。

（2）噬斑实验检测子代病毒的产量

AcMNPV、AcMNPV-PK2-EGFP 和 AcMNPV^△pk2-EGFP 分别以 5 MOI 的浓度感染 Sf9 细胞，病毒侵染后 24 h、48 h 和 72 h 分别吸取 50 μL 上清，然后连续稀释，用噬斑法测定 BV 的产生。六孔板培养的 Sf9 细胞，每孔加入不同稀释浓度的 AcMNPV、AcMNPV-PK2-EGFP 或 AcMNPV^△pk2-EGFP 病毒悬液 500 μL，27 ℃孵育 1 h 后，用 PBS 清洗细胞三次，加入 1.5%的营养琼脂，27 ℃恒温培养箱中倒置培养。5 天后通过计数空斑数量来计算病毒滴度。

# 3.4　实验结果

## 3.4.1　获得重组病毒 AcMNPV-PK2-EGFP

（1）重组中间载体 pFB-D-PK2-EGFP 的酶切鉴定和 PCR 分析

通过 PCR 从病毒基因组扩增得 *ac-pk2* 片段，胶回收纯化后连入 pFB-D-EGFP 中间载体，得到重组质粒 pFB-D-PK2-EGFP。以重组质粒 pFB-D-PK2-EGFP 为模板，用引物进行 PCR 扩增，结果得到一条相对分子质量约 642 bp 的条带［图 3-1（a），泳道 1］，大小与所扩增的基因片段相符。重组质粒 pFB-D-PK2-EGFP 用 *Xho* I 和 *Sma* I 酶切，重新得到 642 bp 的片段［图 3-1（a），泳道 3］，后经测序表明重组中间载体 pFB-D-PK2-EGFP 构建成功。在图 3-1（a）中，泳道 2 和泳道 4 分别表示重组质粒 pFB-D-PK2-EGFP 和 Trans 2K DNA Marker。

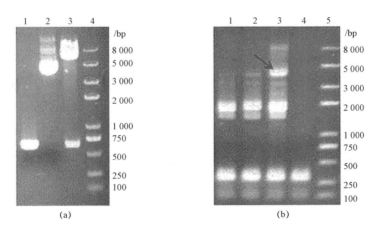

图 3-1　重组病毒 AcMNPV-PK2-EGFP 的构建

（a）重组中间载体 pFB-D-PK2-EGFP 的 PCR 鉴定和酶切鉴定；

（b）重组杆粒 Bacmid-PK2-EGFP 的筛选

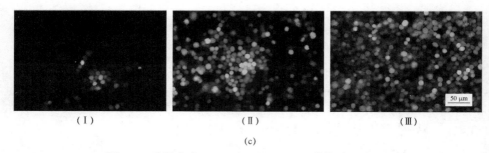

（Ⅰ）　　　　　　　　　　　（Ⅱ）　　　　　　　　　　（Ⅲ）

（c）

图 3-1　重组病毒 AcMNPV-PK2-EGFP 的构建（续）

（c）荧光显微镜观察到 AcMNPV-PK2-EGFP 的第一代病毒（Ⅰ）、二代病毒（Ⅱ）和三代病毒
（Ⅲ）表达的绿色荧光蛋白的荧光图（标尺：50 μm）

（2）重组杆粒 Bacmid-PK2-EGFP 的筛选

Bacmid 上的 Tn7 转座子两侧有 M13 引物序列。当发生转座重组后，用 M13 引物会扩增出要重组的目的片段和载体上的庆大酶素抗性基因（用于抗性筛选），总长度为 2 300 bp 加上目的基因片段的长度。用 M13 引物对划线纯化后的重组杆粒 Bacmid-PK2-EGFP 进行 PCR 扩增，得到片段的大小约为 3 662 bp［图 3-1（b），泳道 3］，说明重组杆粒 Bacmid-PK2-EGFP 发生正确的重组。在图 3-1（b）中，泳道 1-4 表示 M13 引物扩增的 pk2-egfp-gentamicin 融合基因的 PCR 产物，泳道 5 表示 Trans 2K DNA Marker。

（3）获得重组病毒 AcMNPV-PK2-EGFP

用重组杆粒转染 Sf9 细胞 72 h 后，在荧光显微镜下观察到有少量的细胞表达绿色荧光，为第一代病毒。将第一代病毒的上清重新转移到种好的 6 孔板，27 度恒温培养箱培养 72 h 后，荧光显微镜下观察到有很多细胞表达了绿色荧光蛋白，为第二代病毒。取第二代病毒的上清，转移到长满 60% 细胞的细胞培养瓶，72 h 后获得 AcMNPV-PK2-EGFP 第三代病毒，如图 3-1（c）所示。第三代病毒即可用于后续实验。

### 3.4.2　获得重组病毒 AcMNPV-Renilla-RFP

（1）重组质粒 pFB-D-Renilla-RFP 的 PCR 鉴定

以 p2luc 质粒为模板，PCR 扩增 *Renilla* 片段。将 PCR 产物回收纯化后连入 pFB-D 中间载体中，获得 pFB-D-Renilla 重组质粒，以该质粒为模板，用 *Renilla* 的上下游引物进行 PCR 扩增，在 933 bp 左右有条带，如图 3-2（a）中的泳道 2 所示。以双荧光素酶报告质粒 pRFP-N1 为模板，PCR 扩增 *rfp* 片段，将 PCR 产物回收纯化后连入 pFB-D-Renilla 中间载体中，获得 pFB-D-Renilla-RFP 重组质粒。以重组质粒 pFB-D-Renilla-RFP 为模板，用 rfp-F 和 Renilla-R 的引物进行 PCR 扩增得到相对分子质量约 1 614 bp 的条带，如图 3-2（a）中的泳道 1 所示，大小与 *Renilla*＋*rfp* 的基因片段相符，表明重组质粒 pFastBauDual-Renilla-RFP 构建成功，并进行测序验证。图 3-2（a）中的泳道 3 表示 Trans 2K DNA Marker。

（2）重组杆粒 Bacmid-Renilla-RFP 的筛选

重组中间载体转化 DH10B 感受态，用 M13 引物进行 PCR 筛菌，如图 3-2（b）所示，菌落 PCR 的结果在 3914 bp 处有条带，即可证明重组中间质粒上的目的基因成功地发生转座，转座到杆粒 Bacmid 形成重组杆粒 Bacmid-Renilla-RFP。在图 3-2（b）中，泳道 1-4 表示从 Bacmid-Renilla-RFP 扩增的 PCR 产物，泳道 5 表示 Trans 2K DNA Marker。

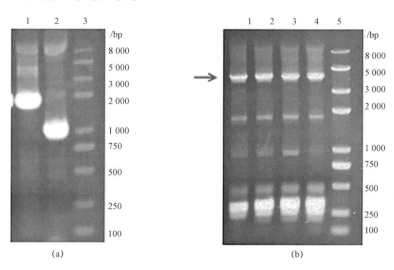

图 3-2　重组病毒 AcMNPV-Renilla-RFP 的构建

（a）重组中间载体 pFB-D-Renilla-RFP 的 PCR 鉴定；（b）重组杆粒 Bacmid-Renilla-RFP 的 PCR 鉴定

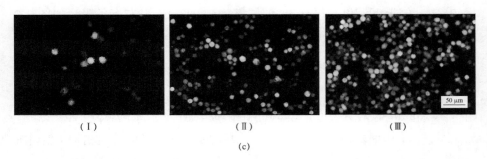

（Ⅰ）　　　　　　　　　　（Ⅱ）　　　　　　　　　　（Ⅲ）

(c)

图 3-2　重组病毒 AcMNPV-Renilla-RFP 的构建（续）

（c）分别为荧光显微镜观察到 AcMNPV-Renilla-RFP 的第一代病毒（Ⅰ）、二代病毒（Ⅱ）和三代病毒
（Ⅲ）表达的绿色荧光蛋白的荧光图（标尺：50 μm）

（3）获得重组病毒 AcMNPV-PK2-RFP

用重组杆粒转染 Sf9 细胞 72 h 后，在荧光显微镜下观察到有少量的细胞充满绿色荧光，为第一代病毒。将第一代病毒的上清重新转移到种好的 6 孔板，27 ℃恒温培养箱培养 72 h 后，荧光显微镜下观察到有很多细胞都充满了绿色荧光，为第二代病毒。取第二代病毒的上清，转移到长满 60%细胞的细胞培养瓶，72 h 后获得 AcMNPV-PK2-RFP 第三代病毒，如图 3-2（c）所示。第三代病毒即可用于后续实验。

### 3.4.3　重组病毒 AcMNPV-PK2-EGFP 可在宿主细胞内过表达 Ac-PK2

用野生型病毒 AcMNPV 和重组病毒 AcMNPV-PK2-EGFP 分别侵染 Sf9 细胞 12、24、36、48、60、72 h 后，qPCR 检测细胞内 *ac-pk2* 基因转录水平的变化情况。结果如图 3-3 所示，野生型病毒处理组 *ac-pk2* 基因的表达量先升高，36 h 后开始降低，重组病毒 AcMNPV-PK2-EGFP 处理组，*ac-pk2* 在 48 h 达到最大值，之后逐渐降低。在侵染后 36、48、60、72 h 重组病毒 AcMNPV-PK2-EGFP 处理组 *ac-pk2* 基因的表达量分别是野生型病毒处理组的 3.9 倍、7.6 倍、11.7 倍、14.2 倍（图 3-3）。这个结果表明相较于野生型病毒处理组，重组病毒 AcMNPV-PK2-EGFP 可以显著提高 *ac-pk2* 基因转录水平的表达，从而在宿主细胞内过表达 Ac-PK2 蛋白。

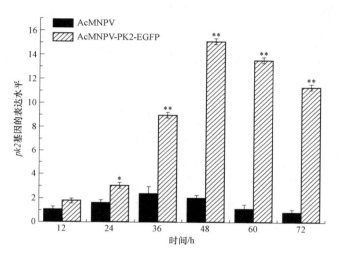

图 3-3　AcMNPV、AcMNPV-PK2-EGFP 侵染宿主细胞过程中
*ac-pk2* 基因的表达情况

### 3.4.4　过表达 Ac-PK2 蛋白可抑制 Sf9 细胞中 eIF2α 的磷酸化

用 AcMNPV、AcMNPV-PK2-EGFP 侵染 Sf9 细胞 12 h、24 h、36 h、48 h、60 h、72 h 后，通过荧光显微镜对融合蛋白 PK2-EGFP 在细胞内的表达量进行观察（图 3-4）。Western Blot 的结果如图 3-5（a）和 3-5（b）所示，AcMNPV 侵染的 Sf9 细胞中，细胞内 eIF2α 的表达量没有发生明显变化，但是磷酸化的 eIF2α 的量明显增加，如图 3-5（c）所示。AcMNPV-PK2-EGFP 处理组，细胞内 PK2-EGFP 蛋白的表达量随着时间的增加不断增多，如图 3-5（d）所示，eIF2α 磷酸化在侵染 48 h 开始逐渐减少，如图 3-5（c）所示。以上结果说明在重组病毒 AcMNPV-PK2-EGFP 侵染后，随着 PK2 蛋白表达量的增加，Sf9 细胞中 eIF2α 磷酸化的量逐渐减少。

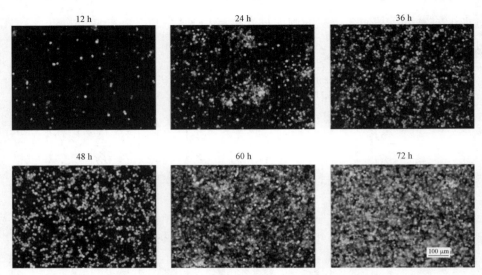

图 3-4 荧光显微镜观察 AcMNPV-PK2-EGFP 侵染 Sf9 细胞后
PK2-EGFP 的表达量（标尺：100 μm）

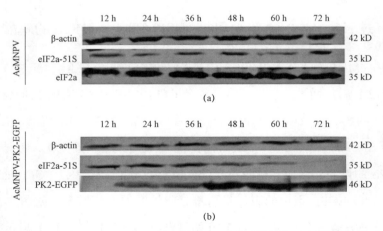

图 3-5 AcMNPV-PK2-EGFP 侵染 Sf9 细胞后抑制 eIF2α 磷酸化

（a）Western blot 检测 AcMNPV 处理组中 eIF2α 的表达及 eIF2α 的磷酸化；

（b）Western blot 检测 AcMNPV-PK2-EGFP 感染 Sf9 细胞中 PK2-EGFP
融合蛋白的表达情况及 eIF2α 的磷酸化

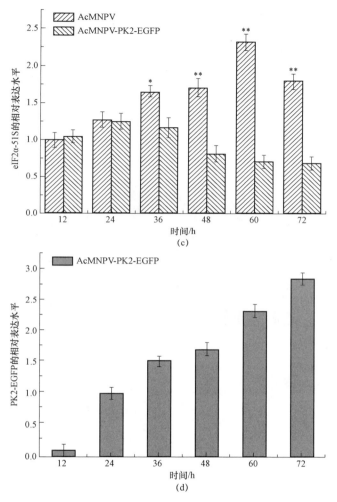

图 3-5　AcMNPV-PK2-EGFP 侵染 Sf9 细胞后抑制 eIF2α 磷酸化（续）

（c）AcMNPV 和 AcMNPV-PK2-EGFP 处理组 eIF2α-51S 蛋白免疫印迹的灰度扫描分析图；
（d）AcMNPV-PK2-EGFP 处理组 PK2-EGFP 蛋白免疫印迹的灰度扫描分析图

## 3.4.5　重组病毒 AcMNPV-PK2-EGFP 侵染对蛋白质翻译的影响

图 3-6（a）是 AcMNPV 和 AcMNPV-PK2-EGFP 侵染 Sf9 细胞的进程中总蛋白质含量的变化情况。在病毒侵染 60 h、72 h 后，AcMNPV-PK2-EGFP 处理组的总蛋白含量显著地高于野生型病毒处理组，分别是野生型病毒处

理组的 1.20 倍、1.32 倍。AcMNPV 和 AcMNPV-PK2-EGFP 分别与等量的 AcMNPV-Renilla-RFP 共侵染 Sf9 细胞，通过检测海肾荧光素酶 Renilla 的 活性来反映 AcMNPV 和 AcMNPV-PK2-EGFP 侵染对外源蛋白 Renilla 表达 量的影响。图 3-6（b）表明，在侵染 24 h、36 h 的时候，AcMNPV 和

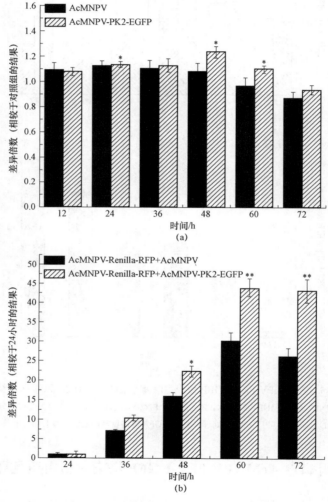

图 3-6　病毒侵染的 Sf9 细胞中蛋白质表达情况分析

（a）AcMNPV、AcMNPV-PK2-EGFP 侵染的 Sf9 细胞中总蛋白质含量的分析；（b）AcMNPV、
AcMNPV-PK2-EGFP 和 AcMNPV-Renilla-RFP 共侵染 Sf9 细胞后，检测外源蛋白海肾荧光素酶
Renilla 的活性（*$P<0.05$；**$P<0.01$）

AcMNPV-PK2-EGFP 处理组，Renilla 的表达量并无明显差异，而侵染 48 h 的时候 AcMNPV-PK2-EGFP 处理组的 Renilla 的表达量要显著高于 AcMNPV 处理组，是野生型病毒处理组的 1.31 倍，在侵染 60 h、72 h 的时候，AcMNPV-PK2-EGFP 处理组的 Renilla 的表达量相较于 AcMNPV 处理组有极显著升高，分别是野生型病毒处理组的 1.42 倍和 1.61 倍。以上结果说明过表达 Ac-PK2 蛋白有助于宿主细胞内蛋白质的合成，从而有助于子代病毒相关蛋白的合成。

## 3.4.6　重组病毒 AcMNPV-PK2-EGFP 侵染对 Sf9 细胞能量代谢的影响

病毒入侵宿主细胞后，可以有效的利用宿主细胞的资源进行扩增，影响宿主细胞 mRNA 和蛋白质合成的变化，改变宿主细胞的能量代谢状态，诱导宿主细胞的一系列抗病毒反应，激活相应的信号通路，同时病毒自身又有相应的机制对抗宿主细胞的抗病毒反应[104]。检测了 AcMNPV 和 AcMNPV-PK2-EGFP 侵染后 Sf9 细胞葡萄糖的消耗速率，如图 3-7（a）所示，对于未处理组，随着时间的推移细胞增殖越多，葡萄糖消耗速率逐渐增加。相较于未处理组，野生型病毒入侵之后 Sf9 细胞的葡萄糖消耗速率逐渐增加，AcMNPV-PK2-EGFP 处理组葡萄糖的消耗速率在 36 h、48 h、60 h 显著高于野生型病毒，分别是野生型病毒的 1.22 倍、1.34 倍，72 h 的时候降低，与野生型病毒无明显差异，推测是由于病毒侵染后期导致细胞状态不佳，从而葡萄糖的消耗速率降低。AcMNPV-PK2-EGFP 处理组，培养液中乳酸积累与未处理组无明显差异，从 48 h 开始显著低于野生型病毒处理组，如图 3-7（b）所示。这些结果说明相较于野生型病毒而言，重组病毒 AcMNPV-PK2-EGFP 侵染会导致 Sf9 细胞的葡萄糖消耗速率增加，乳酸的积累减少，影响了细胞内的糖代谢方式。

之前有文献报道 AcMNPV 侵染会增加 Sf9 细胞中 ATP 的积累[104]，为了研究重组病毒 AcMNPV-PK2-EGFP 对细胞内的 ATP 积累是否有影响，我们检测了野生型病毒以及过表达 Ac-PK2 的病毒侵染 Sf9 细胞的进程中细胞内 ATP 含量的变化，结果如图 3-7（c）所示，野生型病毒处理组与之前的研究结果一致，AcMNPV-PK2-EGFP 处理组 ATP 的积累显著增加，在 36 h、

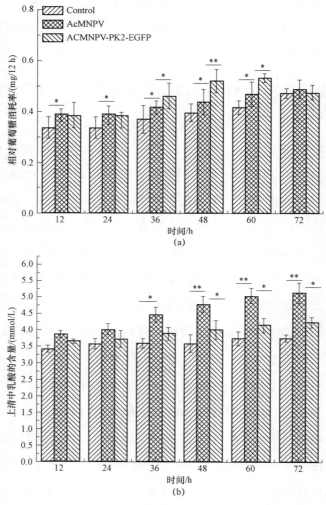

图 3-7　病毒侵染后 Sf9 细胞中能量代谢的变化

（a）AcMNPV 和 AcMNPV-PK2-EGFP 处理组 Sf9 细胞中葡萄糖的消耗速率；

（b）AcMNPV 和 AcMNPV-PK2-EGFP 处理组上清液中乳酸的积累

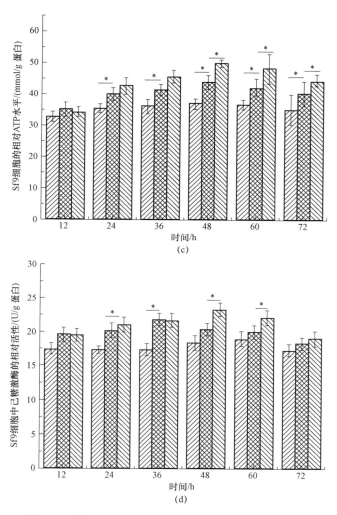

图 3-7　病毒侵染后 Sf9 细胞中能量代谢的变化（续）

（c）AcMNPV 和 AcMNPV-PK2-EGFP 处理组 Sf9 细胞中的 ATP 含量；（d）AcMNPV 和
AcMNPV-PK2-EGFP 处理组 Sf9 细胞中己糖激酶 HK 的活性检测。（*$P<0.05$；**$P<0.01$）

48 h、60 h 分别是野生型病毒处理组的 1.12 倍、1.09 倍、1.10 倍。我们进一步检测了 AcMNPV 和 AcMNPV-PK2-EGFP 侵染 Sf9 细胞后己糖激酶（HK）活性的变化情况，从图 3-7（d）可以看到相较于未处理组，野生型病毒处理组细胞内 HK 的活性先增加后降低，说明病毒入侵会导致细胞内的能量代谢水平上升。而相较于野生型病毒处理组，AcMNPV-PK2-EGFP

处理组 HK 的活性在 48 h、60 h 显著高于未处理组，分别是未处理组的 1.21 倍、1.16 倍。这些结果说明重组病毒 AcMNPV-PK2-EGFP 的侵染会刺激 Sf9 细胞中的 ATP 含量增加，并且在感染晚期影响己糖激酶的活性，上调宿主细胞内的能量代谢。

### 3.4.7　重组病毒 AcMNPV-PK2-EGFP 侵染宿主细胞可促进子代病毒增殖

缺失型 *ac-pk2* 的重组杆粒 Bacmid$^{\triangle pk2}$-EGFP 的构建原理如图 3-8 所示，首先通过搭桥 PCR 的方法制备了打靶片段 *pk2*-US＋*Cat*＋*pk2*-DS，PCR 鉴定结果如图 3-9（a）～（c）所示，测序结果也显示打靶片段搭桥成功。

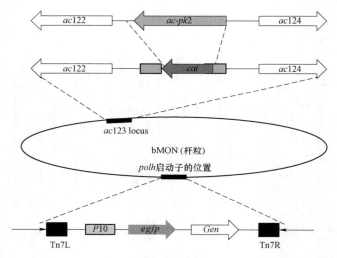

图 3-8　缺失型 *ac-pk2* 的重组杆粒 Bacmid$^{\triangle pk2}$-egfp 的构建示意图

之后通过 λ-Red 同源重组敲除系统，构建了缺失 *ac-pk2* 基因的重组杆粒 Bacmid$^{\triangle pk2}$，PCR 鉴定结果如图 3-9（d）所示。并通过 Tn7 转座系统在 Bacmid$^{\triangle pk2}$ 插入了 *egfp* 基因，得到重组杆粒 Bacmid$^{\triangle pk2}$-EGFP，PCR 鉴定结果如图 3-9（e）所示。重组杆粒 Bacmid$^{\triangle pk2}$-egfp 转染 Sf9 细胞 72 h 后通过荧光显微镜观察［图 3-9（f）］，即可获得缺失 *ac-pk2* 基因的并且同时表达绿色荧光蛋白的重组病毒 AcMNPV$^{\triangle PK2}$-EGFP。

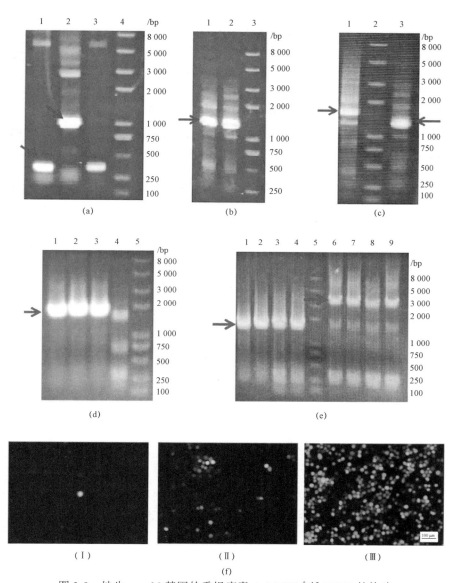

图 3-9　缺失 *ac-pk2* 基因的重组病毒 AcMNPV$^{\triangle pk2}$-EGFP 的构建

（a）Lane1-3 分别为 PCR 扩增的 *pk2*-US，*cat* 和 *pk2*-DS，Lane 4 为 Marker；（b）Lane1 和 2 箭头所指的条带为 *pk2*-US＋*cat*，Lane 3 为 Marker；（c）Lane 1 箭头所指的条带为 *pk2*-US＋*cat*＋*pk2*-DS，Lane 2 为 Marker，Lane 3 箭头所指的条带为 *pk2*-US＋*cat*；（d）PCR 验证 Bacmid$^{\triangle pk2}$ 构建成功，Lane1-3 箭头所指的条带为是以 U-pk2-F 和 D-pk2-R 为引物，提取的杆粒为模板扩增的 *pk2*-US＋*cat*＋*pk2*-DS 条带，Lane 5 为 Trans 2K DNA Marker；（e）对提取的杆粒 Bacmid$^{\triangle pk2}$-egfp 进行 PCR 验证，Lane 1～4 箭头所指的条带为 U-pk2-F 和 D-pk2-R 为引物扩增的 *pk2*-US＋*cat*＋*pk2*-DS 条带，Lane 5 为 Marker，Lane 6～9 箭头所指的条带为以 M13 为引物 PCR 扩增的条带；（f）一代（Ⅰ）、二代（Ⅱ）和三代（Ⅲ）重组病毒 AcMNPV$^{\triangle pk2}$-EGFP（标尺：100 μm）

接着，通过噬斑实验检测了 AcMNPV 和重组病毒 AcMNPV$^{\triangle PK2}$- EGFP、AcMNPV-PK2-EGFP 侵染 Sf9 细胞后对子代病毒产量的影响。从图 3-10 中可以看到，随着侵染进程，三个处理组子代病毒的产量逐渐增加，过表达 Ac-PK2 蛋白的 AcMNPV-PK2-EGFP 处理组子代病毒的产量在侵染后 48 h、72 h，显著高于野生型病毒。缺失 *ac-pk2* 基因的重组病毒 AcMNPV$^{\triangle pk2}$-EGFP 侵染 Sf9 细胞之后，子代病毒的产量降低，显著低于野生型病毒处理组。这个结果说明 *ac-pk2* 基因的表达有助于子代病毒的产生，过表达该基因会帮助子代病毒的复制，提高子代病毒的产量，而缺失该基因则会导致子代病毒的产量降低。

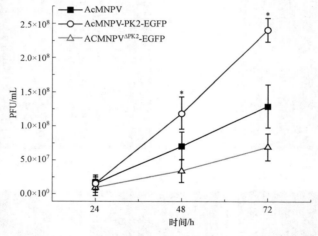

图 3-10　AcMNPV、AcMNPV-PK2-EGFP 和 AcMNPV$^{\triangle pk2}$-EGFP 侵染 Sf9 细胞
24 h，48 h，72 h 后检测子代病毒的产量（\*$P$＜0.05；\*\*$P$＜0.01）

## 3.5　讨　论

eIF2α 是一种异源三聚体的 GTPase，包括α，β，γ 三个亚基，在翻译起始时可以将起始甲硫氨酰 tRNA 传递到 40S 核糖体。在压力条件下，eIF2α

的保守位点会被 eIF2α 激酶磷酸化，磷酸化的 eIF2α 不能在翻译起始的过程中正常行使功能，从而降低蛋白质的翻译。杆状病毒的 PK2 蛋白可以在病毒侵染后营救翻译起始，与 eIF2α 激酶同源性较高，因此推测 *ac-pk2* 基因可能是从寄主昆虫进化而来[73]。Aarti 等人发现，与野生型病毒相比，缺失 *ac-pk2* 基因会导致受感染细胞中 eIF2α 的磷酸化增加[74]。本研究构建了重组病毒 AcMNPV-PK2-EGFP，可介导 Ac-PK2 蛋白在病毒侵染 Sf9 细胞过程中过表达。本研究的结果表明相较于野生型病毒而言，AcMNPV-PK2-EGFP 侵染宿主细胞后可以降低 eIF2α 的磷酸化水平，增加蛋白质的表达，表明过表达 Ac-PK2 可为病毒复制提供更有利的环境。

　　在感染过程中，宿主细胞会激活一系列的抗病毒反应来抑制子代病毒的产生。病毒也进化出一些对抗宿主抗病毒反应的机制，重排宿主细胞的生理生化过程，帮助子代病毒复制[109]。之前的研究表明，病毒侵染对细胞的能量代谢有明显的影响，Sf9 细胞具有较高的代谢水平，为杆状病毒复制和子代病毒成熟提供了更为有利的条件[110]。本研究结果显示，与 AcMNPV 处理组相比，AcMNPV-PK2-EGFP 感染的 Sf9 细胞葡萄糖消耗增加，乳酸积累减少，细胞内 ATP 的含量上调，HK 活性也有所上调。这些结果表明重组病毒 AcMNPV-PK2-EGFP 可以通过影响宿主细胞的能量代谢过程，增加葡萄糖的代谢，为病毒侵染后的 DNA 复制和蛋白质翻译创造更好的环境。

　　之前的研究发现，缺失 *ac-pk2* 基因的 AcMNPV 病毒感染 BmN 细胞之后会导致细胞中的 eIF2α 磷酸化水平升高，BV 表达水平降低[73]。本研究的结果也观察到缺失 *ac-pk2* 基因的重组病毒侵染后会导致子代病毒的产量降低，与之前的研究结果一致。与 AcMNPV 处理组相比，重组病毒 AcMNPV-PK2-EGFP 侵染 Sf9 细胞之后可以降低 eIF2α 磷酸化水平，增加子代病毒的产生[120]。

众所周知，细胞凋亡可以由外部刺激和内部因素引起。在病毒感染的细胞中，诱导细胞凋亡是一种重要的防御机制[121]。因此杆状病毒侵染之后，宿主细胞也会通过诱导凋亡来抵抗病毒的侵染，引起细胞形态和代谢的改变。既然重组病毒 AcMNPV-PK2-EGFP 侵染 Sf9 细胞后可以增加子代病毒的产量，那么 AcMNPV-PK2-EGFP 侵染对宿主细胞凋亡的影响以及具体的作用机制尚不明确，接下来进行了进一步的研究。

# 第4章 重组病毒 AcMNPV-PK2-RFP 通过影响线粒体途径促进宿主细胞的凋亡

## 4.1 引 言

上一章的研究结果显示，过表达 Ac-PK2 蛋白的重组病毒 AcMNPV-PK2-EGFP 侵染 Sf9 细胞后可以影响宿主细胞的能量代谢方式，提高了宿主细胞中蛋白质的合成，增加了子代病毒的产量。为了进一步研究重组病毒 AcMNPV-PK2-EGFP 侵染对宿主细胞凋亡的影响，通过流式细胞术进行了检测，并进一步分析了 AcMNPV 和 AcMNPV-PK2-RFP 的侵染对宿主细胞内活性氧水平以及凋亡相关蛋白 P53 的表达的影响。同时检测了病毒侵染对线粒体凋亡途径的影响，分析了线粒体膜电势的变化，细胞色素 c 的释放情况。由于线粒体膜电势的检测是绿色荧光，本章构建了带红色荧光蛋白标签的重组病毒 AcMNPV-PK2-RFP 进行进一步的研究。

# 4.2  实验材料

## 4.2.1  菌株和质粒

*E. coli* DH5α，*E.coli* DH10B：由本实验室保存。

pFastBac-Dual-RFP：下文中简写为 pFB-D-RFP，为上一章构建。

## 4.2.2  细胞株和病毒株

细胞：草地贪夜蛾卵巢细胞株 Sf9 由本实验室保存。

病毒：苜蓿银纹夜蛾核型多角体病毒 AcMNPV 由本实验室保存。

重组病毒：AcMNPV-PK2-RFP，本章构建。

## 4.2.3  主要实验试剂

Anti-Sf-P53 抗体由生工生物工程（上海）股份有限公司制备，抗细胞色素 c 抗体购自生工生物工程（上海）股份有限公司；线粒体分离试剂盒、3-(4,5-二甲基噻唑-2)-2,5-二苯基四氮唑溴盐（MTT）购自索莱宝科技有限公司、罗丹明 123 染色剂购自碧云天生物技术有限公司。

## 4.2.4  主要仪器设备

实验所需的主要仪器设备见表 4-1，其中，部分仪器已在第 2 章列出。

表 4-1  实验所需的主要仪器设备

| 主要仪器 | 生产厂家 |
| --- | --- |
| 超声细胞破碎仪（UC455） | 美国，Sonics & Materials |

# 4.3　实验方法

## 4.3.1　构建重组病毒 AcMNPV-PK2-RFP

### 4.3.1.1　重组中间载体的构建

从病毒基因组扩增目的基因 *ac-pk2*，上下游引物分别为 ac-pk2-F：5′-ATACCCGGGATGAAACCCGAACAATT-3′，ac-pk2-R：5′-ATCCTCGAGCTAGTTTTTTAGAACACGTTG-3′，分别在上下游引物的 5′端引入限制性内切酶 *Sma* I 和 *Xho* I 的识别序列。PCR 扩增 *ac-pk2* 基因，用 DNA 胶回收试剂盒回收 PCR 产物。

目的基因 *ac-pk2* 和载体 pFB-D-RFP 分别用 *Sma* I 和 *Xho* I 进行双酶切，37 ℃水浴 3 h，用 DNA 胶回收试剂盒回收酶切产物。胶回收的 *ac-pk2* 和 pFB-D-RFP 的酶切片段得用 T4 DNA 连接酶 16 ℃过夜连接。

连接产物转化 DH5α，具体方法参考第 3 章 3.3.1.1。

### 4.3.1.2　获得重组病毒 AcMNPV-PK2-RFP

重组中间载体 pFB-D-PK2-RFP 转化 DH10B 感受态细胞获得重组杆粒 Bacmid-PK2-RFP，具体方法参考第 3 章 3.3.2。

重组杆粒 Bacmid-PK2-RFP 转染 Sf9 细胞，获得重组病毒 AcMNPV-PK2-RFP，具体方法参考第 3 章 3.3.3。

## 4.3.2　蚀斑实验检测病毒滴度

具体方法参考第 2 章 2.3.2。

### 4.3.3　流式细胞术检测细胞凋亡

（1）细胞铺板及病毒处理

具体方法参考第 3 章 3.3.4。

（2）Annexin V-FITC 染色

取 $1 \times 10^5$ 个细胞至流式管，1 100 r/min 离心 5 min，弃上清；将 195 μL Annexin V-FITC 结合液加入细胞沉淀中，并轻轻悬起细胞，加入 5 μL 碘化丙啶（PI），于室温避光放置 15 min，900 r/min 离心 5 min，弃上清，加入 PBS，用流式细胞仪检测。每个处理组三个重复。

### 4.3.4　细胞内活性氧 ROS 水平检测

（1）细胞种板及病毒感染

具体方法参考第 3 章 3.3.4。

（2）宿主细胞 ROS 水平检测

按照 1:1 000 用无血清培养液稀释 DCFH-DA，使浓度为 10 μmol/L。细胞收集后悬浮于稀释好的 DCFH-DA 中，27 ℃细胞培养箱内孵育 20 min。每隔 3～5 min 颠倒混匀一次，使探针和细胞充分接触。用无血清的培养液洗涤细胞三次，充分去除未进入细胞内的 DCFH-DA。在阳性对照孔中加入 Rosup 作为阳性对照，通常阳性对照在刺激细胞 20～30 min 后可以显著提高活性氧水平[122]。

上一步收集的细胞用 200 μL 的培养基重悬，用全波长酶标仪检测各处理组的荧光强弱，参数设置为 488 nm 激发波长 525 nm 发射波长，实验进行 3 次重复。

### 4.3.5　Western blot 检测 P53 蛋白表达量的变化

（1）细胞种板及病毒感染

参考第 3 章 3.3.4。

76

（2）蛋白浓度测定

具体方法参考第 3 章 3.3.5。

（3）Western blot 转膜

具体方法参考第 3 章 3.3.5。

（4）抗体孵育

具体方法参考第 3 章 3.3.5。

（5）将 PVDF 膜置于奥德赛扫膜仪进行成像。

## 4.3.6　胞质和线粒体分离

（1）细胞种板和病毒感染

具体方法参考第 3 章 3.3.4。

（2）线粒体的提取

① 收集 500 万细胞，加入 1 mL 试剂一和 10 μL 试剂四，用研钵研磨。

② 4 ℃ 600$g$ 离心 5 min。

③ 弃沉淀，将上清转移至另一离心管中，4 ℃ 11 000$g$ 离心 10 min。

④ 上清即胞浆提取物，可用于研究线粒体蛋白向胞浆的释放。

⑤ 沉淀为完整的线粒体。含有完整的外膜和内膜，并具有线粒体的生理功能。可用于线粒体的生理功能方面的研究。在沉淀中加入 200 μL 试剂二和 2 μL 的试剂四，超声波破碎（冰浴，功率 20%或 200 W，超声 3 秒，间隔 10 秒，重复 30 次），可用于线粒体蛋白浓度的测定。

## 4.3.7　Western blot 检测细胞色素 c 在胞质和线粒体的分布

（1）胞浆蛋白和线粒体蛋白的浓度测定

吸 2 μL 的上清胞浆提取物或线粒体蛋白提取物加入到提前预配好分装于 12 连管的蛋白显色液，37 ℃ 放置 30 min，用酶标仪检测 $OD_{562\,nm}$ 处的吸光值，根据吸光值计算蛋白相对浓度，以确定上样量，3 次重复。

（2）Western blot 转膜

具体方法参考第 3 章 3.3.5。

（3）抗体孵育

具体方法参考第 3 章 3.3.5。

（4）将 PVDF 膜置于奥德赛扫膜仪进行成像

### 4.3.8　线粒体膜电位（MMP）检测

（1）细胞种板及病毒感染

具体方法参考第 3 章 3.3.4。

（2）线粒体膜电势测定

采用罗丹明 123 染料检测线粒体跨膜电位（DJm）。病毒侵染后的细胞，用终浓度为 50 nmol/L 的罗丹明 123 染色 30 min。之后用 PBS 缓冲液洗涤 2 次，在荧光显微镜下用 488 nm 激发光观察荧光强度。

# 4.4　实验结果

## 4.4.1　获得重组病毒 AcMNPV-PK2-RFP

（1）重组中间载体 pFB-D-PK2-RFP 的酶切鉴定和 PCR 分析

重组中间载体 pFB-D-PK2-RFP 的构建流程图如图 4-1（a）所示。对获得的重组质粒进行 PCR 鉴定，以重组质粒 pFB-D-PK2-RFP 为模板用 ac-pk2-F 和 rfp-R 引物进行 PCR 扩增，1 323 bp 处有条带 [图 4-1（b），泳道 1]，大小与所扩增的基因片段相一致。重组质粒 pFB-D-PK2-RFP 用 *Xho* I 和 *Sam* I 酶切，重新得到 645 bp 的片段 [图 4-1（c），泳道 3]，表明重组质粒 pFB-D-PK2-RFP 构建成功，并进行测序确证。

（2）重组杆粒 Bacmid-PK2-RFP 的筛选

重组中间载体 pFB-D-PK2-RFP 转化 DH10B 感受态，用 M13 引物进行 PCR 筛菌，获得包含重组杆粒 Bacmid-PK2-RFP 的 DH10B 细胞。图 4-1（d）

是用 M13 引物对重组杆粒 Bacmid-PK2-RFP 的 PCR 鉴定，在 3 623 bp 处有条带即可证明重组中间质粒上的目的片段成功地转座到杆粒 Bacmid，形成重组杆粒 Bacmid-PK2-RFP。

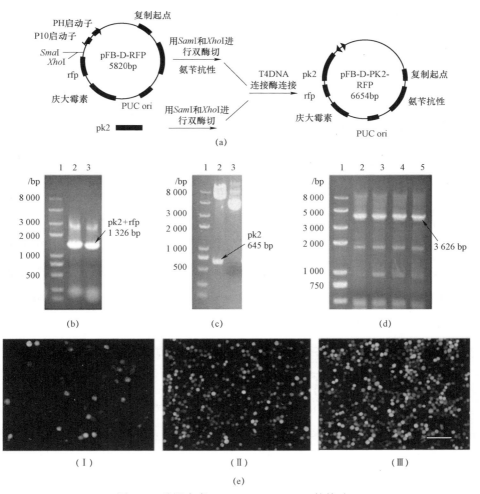

图 4-1　重组病毒 AcMNPV-PK2-RFP 的构建

（a）重组中间载体 pFB-D-PK2-RFP 的构建示意；（b）重组中间载体 pFB-D-PK2-RFP 的 PCR 鉴定，Lane 1：Trans 2K DNA Mark，Lane 2，3：*ac-pk2-rfp* 的 PCR 产物；（c）重组中间载体 pFB-D-PK2-RFP 的酶切鉴定，Lane 1：Trans 2K DNA Mark；Lane 2，3：酶切产物；（d）重组杆粒 Bacmid-PK2-EGFP 的 PCR 鉴定，Lane 1：Trans 2K DNA Marker，Lane 2-5：用 M13 引物从 Bacmid-PK2-RFP 扩增 *ac-pk2-rfp-gentamicin* 融合基因的 PCR 产物；（e）重组病毒 AcMNPV-PK2-RFP 的第一代（Ⅰ）、二代（Ⅱ）和三代（Ⅲ）病毒在宿主细胞内表达的红色荧光蛋白的荧光图（标尺：100 μm）

（3）获得重组病毒 AcMNPV-PK2-RFP

用重组杆粒转染 Sf9 细胞 72 h 后，在荧光显微镜下观察到有少量的细胞表达红色荧光，为第一代病毒。将第一代病毒的上清重新转移到种好的 6 孔板，27 度恒温培养箱培养 72 h 后，荧光显微镜下观察到有很多细胞都表达了红色荧光，为第二代病毒。取第二代病毒的上清，转移到长满 60%细胞的细胞培养瓶，72 h 后获得 AcMNPV-PK2-EGFP 第三代病毒，第三代病毒即可用于后续试验。第一、二、三代病毒在宿主细胞内表达的红色荧光蛋白观察到的红色荧光如图 4-1（e）所示。

### 4.4.2 重组病毒 AcMNPV-PK2-EGFP 侵染可加速宿主细胞凋亡进程

图 4-2 是 AcMNPV 和 AcMNPV-PK2-EGFP 分别侵染 Sf9 细胞 24 h、48 h、72 h 后，流式细胞术检测的 Sf9 细胞凋亡情况的变化。图 4-2（a）是通过 EGFP 的荧光反应 AcMNPVPK2-EGFP 侵染 24 h、48 h、72 h 后细胞内 PK2-EGFP 的表达逐渐增加。AcMNPV 侵染 24 h、48 h、72 h 后，Sf9 细胞的凋亡比率分别是 9.97%，15.3%，21.5%。而 AcMNPV-PK2-EGFP 侵染侵染 24 h、48 h、72 h 后，Sf9 细胞的凋亡比率分别是 13.2%，20.46%，33.24%［图 4-2（b）］。统计分析的结果如图 4-2（c）所示，可以看到在侵染 48 h、72 h，AcMNPV-PK2-EGFP 处理组凋亡细胞的比率显著或极显著高于 AcMNPV 处理组，说明过表达 PK2 的重组病毒可通过提高子代病毒增殖加速宿主细胞的凋亡，具有更高的细胞毒力。

### 4.4.3 重组病毒 AcMNPV-PK2-RFP 的侵染对 Sf9 细胞内 ROS 水平的影响

接下来检测了 AcMNPV 和 AcMNPV-PK2-RFP 侵染 Sf9 细胞的进程中，细胞内活性氧水平的变化情况。如图 4-3 所示，不管是野生型病毒处理组

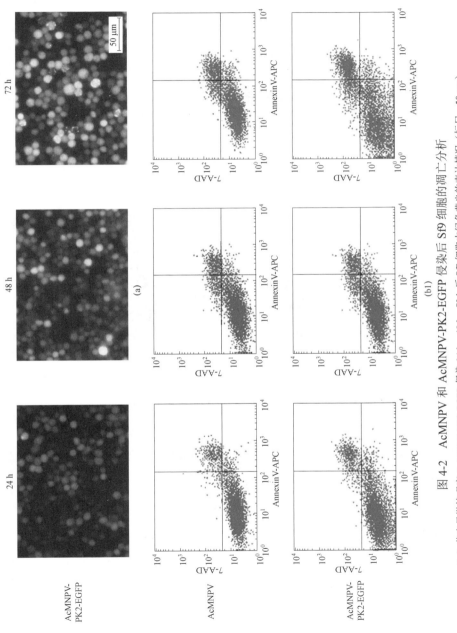

图 4-2　AcMNPV 和 AcMNPV-PK2-EGFP 侵染后 Sf9 细胞的凋亡分析

（a）荧光显微镜观察 AcMNPV-PK2-EGFP 侵染 24 h、48 h、72 h 后 Sf9 细胞中绿色荧光的表达情况（标尺：50 μm）；

（b）流式细胞术检测 AcMNPV 和 AcMNPV-PK2-EGFP 处理 Sf9 细胞 24 h、48 h、72 h 后细胞的凋亡比率；

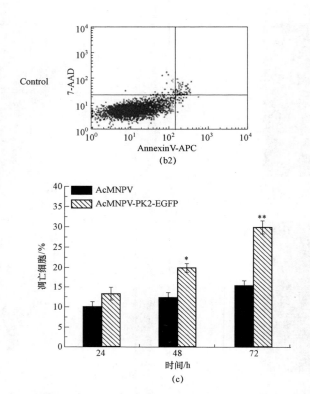

图 4-2　AcMNPV 和 AcMNPV-PK2-EGFP 侵染后 Sf9 细胞的凋亡分析（续）

（c）AcMNPV 和 AcMNPV-PK2-EGFP 处理后 Sf9 细胞凋亡
比率的柱形图（*P＜0.05；**P＜0.01）

　　还是过表达 PK2 的重组病毒 AcMNPV-PK2-RFP 处理组，在病毒侵染之后 12 h 细胞内的 ROS 有一个显著的提高，24 h 有一个降低之后又逐渐升高，说明病毒入侵起始会使得细胞内的 ROS 水平有一个提高，之后逐渐增加。相较于野生型病毒处理组而言，AcMNPV-PK2-RFP 处理组在病毒侵染后 48、60、72 h，细胞内 ROS 的活性强度均高于野生型病毒处理组，且有显著或极显著差异，说明过表达 Ac-PK2 蛋白的重组病毒侵染细胞后使得细胞内的活性氧水平增加。

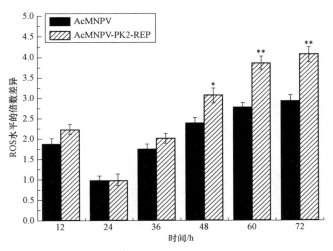

图 4-3　AcMNPV/AcMNPV-PK2-RFP 侵染对 Sf9 细胞内 ROS 水平的影响
（*$P$＜0.05；**$P$＜0.01）

### 4.4.4　重组病毒 AcMNPV-PK2-RFP 侵染后 Sf9 细胞中线粒体膜电位（MMP）的分析

　　线粒体膜电位的变化是细胞凋亡进程中一个重要的事件，反映了线粒体渗透性的变化[123]，本实验用罗丹明 123 处理病毒侵染不同时间点的 Sf9 细胞后检测了线粒体膜电位的变化，荧光显微镜的观察结果如图 4-4（a）所示，反映了 AcMNPV 和 AcMNPV-PK2-RFP 侵染 Sf9 细胞的进程中线粒体膜电位的变化情况。结果表明，无论是野生型病毒处理组还是过表达 Ac-PK2 蛋白的 AcMNPV-PK2-RFP 处理组，在病毒侵染之后绿色荧光都是逐渐增加，说明随着病毒侵染进程中会导致线粒体膜电位去极化从而使膜受损，线粒体膜电势逐渐降低。相较于野生型病毒处理组而言，AcMNPV-PK2-RFP 处理组在病毒侵染后 24 h、48 h、72 h，绿色荧光的强度均高于野生型病毒处理组［图 4-4（b）］，说明重组病毒 AcMNPV-PK2-RFP 侵染细胞可以加速线粒体膜膜电位的去极化，降低膜电位，从而促进细胞凋亡。

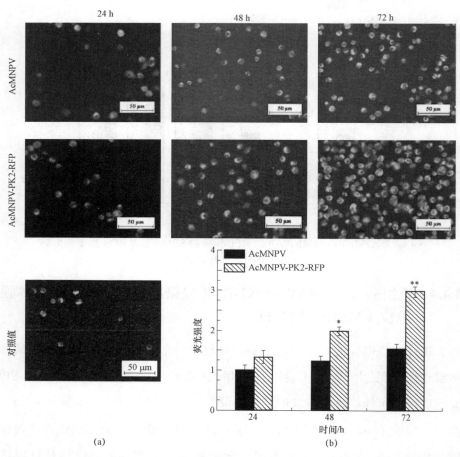

图 4-4 AcMNPV/AcMNPV-PK2-RFP 侵染对 Sf9 细胞线粒体膜电位（MMP）的影响
（a）罗丹明 123 处理 AcMNPV/AcMNPV-PK2-RFP 侵染的 Sf9 细胞后，用荧光显微镜观察的
宿主细胞内的绿色荧光；（b）AcMNPV/AcMNPV-PK2-RFP 侵染后 Sf9 细胞中绿色荧光强度的
统计分析（*$P < 0.05$；**$P < 0.01$）

## 4.4.5 重组病毒 AcMNPV-PK2-RFP 的侵染对细胞色素 c 在胞质和线粒体的分布的影响

细胞色素 c 从线粒体中释放可以诱导细胞凋亡，而线粒体膜通透性决定细胞色素 c 的释放，已经发现 AcMNPV 和 AcMNPV-PK2-RFP 的侵染可以降低 Sf9 细胞的线粒体膜电位。接下来通过 Western blot 的方法分析了

AcMNPV 和 AcMNPV-PK2-RFP 侵染 Sf9 细胞的进程中细胞色素 c 在线粒体和胞质的分布情况（图 4-5）。可以看到野生型病毒处理组，线粒体中的细胞色素 c 减少的不是很明显，胞质中细胞色素 c 的释放在 48 h 的时候仍然是微弱的条带，细胞色素 c 的释放较慢。相较于野生型病毒处理组而言，

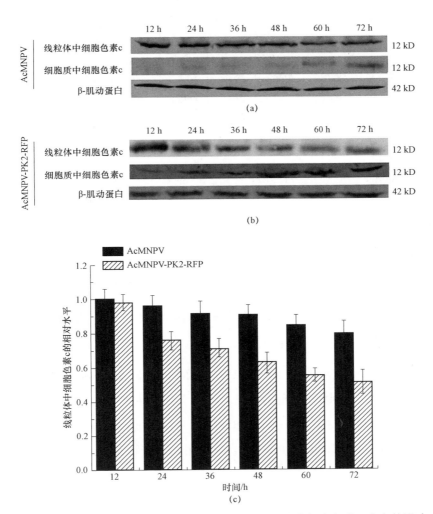

图 4-5　AcMNPV/AcMNPV-PK2-RFP 侵染对 Sf9 细胞中细胞色素 c 分布的影响

（a）（b）从 AcMNPV./AcMNPV-PK2-RFP 侵染的 Sf9 细胞分离线粒体和细胞质，Western blot 方法检测侵染过程中细胞色素 c 在细胞质和线粒体的分布；（c）Western blot 蛋白印迹的灰度扫描分析

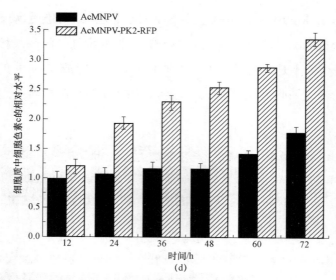

图 4-5　AcMNPV/AcMNPV-PK2-RFP 侵染对 Sf9 细胞中细胞色素 c 分布的影响（续）
（d）Western blot 蛋白印迹的灰度扫描分析

AcMNPV-PK2-RFP 处理组线粒体中的细胞色素 c 减少明显，细胞色素 c 的释放提前，从 12 h 开始逐渐增加。推测 AcMNPV-PK2-RFP 处理组线粒体膜电势的降低进一步影响了细胞色素 c 的释放，从而影响细胞凋亡。

### 4.4.6　重组病毒 AcMNPV-PK2-RFP 的侵染对 SfP53 蛋白表达的影响

图 4-6 是 AcMNPV 和 AcMNPV-PK2-RFP 侵染 Sf9 细胞的进程中凋亡相关蛋白 SfP53 表达量的变化情况。可以看到野生型病毒处理组 SfP53 蛋白在 12 h 就有表达，之后逐渐增加，60 h 开始减弱。相较于野生型病毒处理组而言，AcMNPV-PK2-RFP 处理组 P53 蛋白的表达从 12 h 开始逐渐增加。灰度扫描结果显示，病毒侵染后 48、60、72 h，AcMNPV-PK2-RFP 处理组中 SfP53 蛋白的表达量分别是野生型病毒处理组的 1.16 倍、1.39 倍、1.79 倍。结果显示重组病毒 AcMNPV-PK2-RFP 侵染 Sf9 细胞的晚期可以刺激 SfP53 蛋白的表达，可能是加速细胞凋亡的一个因素。

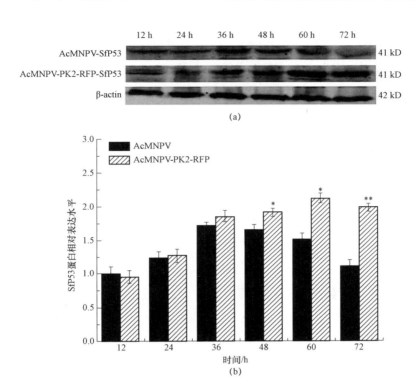

图 4-6　AcMNPV/AcMNPV-PK2-RFP 侵染对 Sf9 细胞中 SfP53 蛋白表达的影响

（a）Western blot 检测 AcMNPV./AcMNPV-PK2-RFP 侵染的 Sf9 细胞中 SfP53 蛋白的表达；
（b）Western blot 蛋白印迹的条带用灰度扫描进行分析（*$P<0.05$；**$P<0.01$）

# 4.5　讨　论

　　线粒体作为细胞的能量供应站，对真核细胞的生存至关重要。在细胞凋亡过程中，线粒体不仅是蛋白质相互作用的场所，也是 caspase 活化的场所。当线粒体膜通透性增加时，细胞色素 c 释放到细胞质中[124]。Liu 等人的研究表明 AfMNPV 的侵染可以通过影响线粒体凋亡途径诱导 SL-1 细胞凋亡[125]。本研究中通过流式细胞术分析了 Sf9 细胞的凋亡情况，结果显示重组病毒 AcMNPV-PK2-EGFP 侵染的 Sf9 细胞在 48 h 和 72 h 时凋亡水平显著高于 AcMNPV 处理组，说明重组病毒 AcMNPV-PK2-EGFP 具有更高的细胞毒性。同时观察到 AcMNPV 和 AcMNPV-PK2-RFP 病毒侵染 Sf9 细胞 12 h 后细胞内 ROS 水平均显著升高，但在感染后期 AcMNPV-PK2-RFP 处理组 Sf9 细胞中 ROS 水平明显高于 AcMNPV 处理组。既然重组病毒的侵染加速了宿主细胞的凋亡，并导致宿主细胞内 ROS 的水平上调，细胞内活性氧水平的上调会刺激线粒体凋亡信号通路，接下来我们检测了线粒体凋亡通路的情况。线粒体膜电势检测和细胞色素 c 的 Western blot 结果显示 AcMNPV-PK2-RFP 处理组在病毒感染的后期，线粒体膜电势显著低于野生型病毒处理组，细胞色素 c 从线粒体的释放增加，说明相较于 AcMNPV 处理组，AcMNPV-PK2-RFP 处理组对线粒体凋亡途径的影响更大，进而加速了 Sf9 细胞的凋亡。关于家蚕细胞凋亡依赖细胞色素 c 通路的研究表明，BmP53 的表达增加可能有助于细胞色素 c 的释放，但尚不清楚细胞色素 c 是如何释放的[67]。本研究 western blot 结果显示 AcMNPV-PK2-RFP 侵染 Sf9 细胞 48 h、60 h、72 h 后细胞中 SfP53 蛋白的表达均高于野生型病毒处理组。推测 SfP53 蛋白上调可能是 AcMNPV-PK2-RFP 感染后期细胞色素 c 释放加速的一个因素。

综上所述，本研究发现 AcMNPV 和 AcMNPV-PK2-RFP 侵染 Sf9 细胞后，可以通过影响线粒体凋亡途径来加速宿主细胞的凋亡。相对于 AcMNPV 处理组，重组病毒 AcMNPV-PK2-RFP 的侵染可以降低线粒体膜电势，加速细胞色素 c 的释放，并且在感染后期提高了凋亡相关蛋白 SfP53 的表达。上一章的研究结果表明过表达 Ac-PK2 蛋白的重组病毒可以增加子代病毒的复制，新产生的子代病毒会对宿主细胞进行二次侵染，从而进一步刺激了宿主细胞的凋亡通路。这些结果表明线粒体凋亡途径在 AcMNPV 和 AcMNPV-PK2-RFP 诱导的细胞凋亡中发挥重要的功能，为揭示杆状病毒侵染宿主细胞后加速宿主细胞凋亡的机制提供了试验依据。既然过表达 Ac-PK2 蛋白的重组病毒可以加速宿主细胞的凋亡，那么它是否具有更高的抗虫活性，接下来用甜菜夜蛾幼虫进行了虫体实验。

# 第5章　重组病毒 AcMNPV-PK2-EGFP 对甜菜夜蛾幼虫的抗虫活性和机制分析

## 5.1　引　言

　　甜菜夜蛾是一种世界性分布、间歇性发生的以危害蔬菜为主的杂食性害虫，属于鳞翅目、夜蛾科昆虫，在我国各地均有分布，以危害蔬菜为主。目前，在农业实践中主要以化学农药防治为主，但由于长期使用化学农药会使害虫产生抗药性，同时也会给人类健康带来不利影响，研制对人、畜安全无害，不产生抗药性的生物杀虫剂成为新的防治策略。前两章的研究已经发现过表达 Ac-PK2 蛋白的重组病毒可以通过影响宿主细胞的能量代谢增加子代病毒的产量，并通过影响线粒体通路加速宿主细胞的凋亡，具有更高的细胞毒性。本章主要分析重组病毒 AcMNPV-PK2-EGFP 对甜菜夜蛾幼虫的抗虫活性及其作用机制，主要检测了病毒侵染后甜菜夜蛾幼虫中肠组织 eIF2α 磷酸化的情况，凋亡相关蛋白 P53 的表达，血淋巴中酚氧化酶的活性变化，并对病毒侵染后幼虫的死亡率进行了统计。同时，本课题组前期致力于重组病毒 AcMNPV-$Bm$K IT 的抗虫效果研究，本章进一步分析重组病毒 AcMNPV-PK2-EGFP 与 AcMNPV-$Bm$K IT 共处理是否具有协同效应。

# 5.2　实验材料

### 5.2.1　病毒和幼虫

野生型病毒 AcMNPV 由本实验室保存；

重组病毒 AcMNPV-*Bm*K IT、AcMNPV-PK2-EGFP 由本课题组构建。

甜菜夜蛾幼虫：甜菜夜蛾卵购于河南省济源白云实业有限公司，27 ℃孵育，用人工饲料喂养。

### 5.2.2　主要实验试剂

左旋多巴 L-3，4-dihydroxyphenylalanine（L-DOPA）、组织蛋白裂解缓冲液购自生工生物工程（上海）股份有限公司；AC 缓冲液：62 mmol/L NaCI，100 mmol/L glucose，10 mmol/L EDTA，30 mmol/L trisodium citrate，26 mmol/L citric acid，pH 为 4.6。

### 5.2.3　主要仪器设备

实验所需的主要仪器设备见表 5-1，其中，部分仪器已在第 2 章列出。

表 5-1　实验所需的主要仪器设备

| 主要仪器 | 生产厂家 |
| --- | --- |
| 体式显微镜（SMZ18） | 日本，Nikon |

# 5.3　实验方法

### 5.3.1　甜菜夜蛾幼虫的饲养及感染

按照以下配方制备棉铃虫人工饲料：玉米粉 75 g，豆饼粉 50 g，酵母粉 20 g，复合维生素 C 10 g，复合维生素 B 0.5 g，山梨酸 2 g，柠檬酸 2.5 g，罗红霉素半片，琼脂 8.75 g，水 500 mL，将配制的饲料分成 8 mm³ 小块。

甜菜夜蛾幼虫用制备的人工饲料饲喂，待长成 5 龄幼虫时，将 20 μL 浓度为 $1 \times 10^7$ pfu/mL 的 AcMNPV、AcMNPV-PK2-EGFP、AcMNPV-*Bm*K IT＋AcMNPV、AcMNPV-*Bm*K IT＋AcMNPV-PK2-EGFP 病毒悬液分别加入饲料中经口服感染幼虫，空白对照组滴加等量的 PBS 缓冲液。

## 5.3.2 qPCR 检测 *ac-pk2* 在被感染的甜菜夜蛾幼虫中肠组织、表皮组织和神经索组织的表达

（1）中肠组织、表皮组织和神经索组织总 RNA 的提取

将病毒感染过的幼虫用大头针固定在解剖板上，剪刀剪开腹部，解剖针挑取中肠组织、表皮组织、神经索组织分别放入研钵中加液氮研磨，之后将匀浆移至 2 mL 无菌 EP 管中，并提取 RNA，具体步骤参考第 2 章 2.3.4。最后用反转录试剂盒将提取的 RNA 反转录成 cDNA。

（2）qPCR 检测

将得到的 cDNA 用 2×QuantiFast SYBR Green PCR 试剂盒两步法检测，反应体系如下：① 95 ℃ 5 min；② 95 ℃ 10 s③ 58 ℃ 30 s④ 72 ℃ 30 s。②～④重复 40 个循环。检测不同病毒侵染的虫体，不同时间点 *ac-pk2* 在中肠组织、表皮组织、神经索组织的表达，基因引物序列见表 5-2：

表 5-2 引物序列

| 引物名称 | 序列 |
|---|---|
| ac-pk2-F | 5′-CATAACCGAAGAGGAGCAAGTT-3′ |
| ac-pk2-R | 5′-TACTGCCATACGACCACAAGAC-3′ |
| β-actin-F | 5′-CCCATCTACGAAGGTTACGC-3′ |
| β-actin-R | 5′-CTTGATGTCACGAACGATTTC-3′ |
| sod-F | 5′-AGCATGGCTTCCACATTCAC-3′ |
| sod-R | 5′-TTCCGAGGTCTCCAACATGA-3′ |

续表

| 引物名称 | 序列 |
|---|---|
| cat-F | 5′-TTGCATTCAGTCCTGCCAAC-3′ |
| cat-R | 5′-AGGCGATGACGGTGAGTGT-3′ |
| p450-F | 5′-CCGTGCGCTTACCTACCATT-3′ |
| p450-R | 5′-CCTCCAAGTTCCTGGCAGTG-3′ |

### 5.3.3 qPCR 检测重组病毒 AcMNPV/AcMNPV-PK2-EGFP 与 AcMNPV-*Bm*K IT 共处理，*Bm*K IT 在甜菜夜蛾幼虫中肠组织、表皮组织和神经索组织的表达

（1）中肠组织、表皮组织和神经索组织总 RNA 的提取及反转录

参照本章 5.3.2。

（2）qPCR 检测

参照本章 5.3.2。

### 5.3.4 qPCR 检测解毒相关基因在被感染的甜菜夜蛾幼虫中肠组织的表达

（1）中肠组织和神经索组织总 RNA 的提取及反转录

参照本章 5.3.2。

（2）qPCR 检测

参照本章 5.3.2。

### 5.3.5 酶标仪检测病毒侵染的甜菜夜蛾幼虫体内酚氧化酶的活性

（1）血淋巴的收集

病毒感染 5 龄幼虫 1 h、4 h、8 h 和 12 h，用毛细吸管从幼虫附足处收集血淋巴，4 ℃，1 500 r/min 离心 10 min，收集上清液。

（2）酚氧化酶活性测定

取出 30 μL 血淋巴加入到 270 μL AC 缓冲液中，混合均匀，再加入 300 μL 0.02 mol/L 左旋多巴（L-DOPA），避光反应 5 min，用酶标仪测定 $OD_{490\,nm}$ 处的吸光值，定义吸光值每分钟增加 0.001 所需要的酶量为一个活力单位。实验进行 3 次重复。

## 5.3.6　Western blot 分析病毒侵染的甜菜夜蛾幼虫中肠组织中凋亡相关蛋白 P53 的表达

（1）棉铃虫中肠组织蛋白提取及浓度测定

将 20 μL 浓度为 $1 \times 10^7$ pfu/mL 的 AcMNPV、AcMNPV-PK2-EGFP、AcMNPV-BmK IT＋AcMNPV、AcMNPV-BmK IT＋AcMNPV-PK2-EGFP 病毒悬液分别加入饲料中经口服感染 5 龄幼虫 1 h、4 h、8 h 和 12 h。将幼虫用大头针固定在解剖板上，剪刀剪开腹部，解剖针挑取中肠组织放入研钵中，用液氮研磨成匀浆，加入组织蛋白提取裂解缓冲液，超声破碎，11 000 r/min 离心 10 min，吸取上清。蛋白浓度测定参考第 3 章 3.3.5。

（2）Western blot 转膜

参照第 3 章 3.3.5。

（3）抗体孵育

参照第 3 章 3.3.5。

（4）显色曝光

参照第 3 章 3.3.5。

## 5.3.7　Western blot 分析病毒侵染的甜菜夜蛾幼虫中肠组织中 eIF2α 磷酸化的情况

（1）棉铃虫中肠组织蛋白提取及浓度测定

参照本章 5.3.6。

（2）Western blot 转膜

参照第 3 章 3.3.5。

（3）抗体孵育

参照第 3 章 3.3.5。

（4）显色曝光

参照第 3 章 3.3.5。

### 5.3.8 统计对照组和病毒处理组甜菜夜蛾幼虫的平均体重，死亡率，蛹化率，羽化率

甜菜夜蛾幼虫用制备的人工饲料，待虫体成长为三龄幼虫时，每天将 20 μL，$1×10^7$ pfu/mL 的 AcMNPV、AcMNPV-PK2-EGFP、AcMNPV-*Bm*K IT＋AcMNPV、AcMNPV-*Bm*K IT＋AcMNPV-PK2-EGFP 病毒滴加到实验组培养基上，连续滴加五天。空白对照组滴加 PBS 缓冲液，然后逐天记录虫体的平均体重，致死率，蛹化率和羽化率，每组各 36 头幼虫。

# 5.4   实验结果

### 5.4.1 *ac-pk2* 在病毒侵染的甜菜夜蛾幼虫中肠、表皮、神经索组织的转录表达情况

结果如图 5-1 所示，AcMNPV-PK2-EGFP 处理组在检测的时间范围内，三种组织 *ac-pk2* 基因分别在 8 h、12 h 和 12 h 表达量达到最大值，中肠组织 *ac-pk2* 最大表达量分别是神经索组织、表皮组织的 1.63 倍和 6.23 倍，并且从转录水平提高的情况看，神经索组织中 *ac-pk2* 转录水平在 12 小时后仍存在上升趋势。以上结果表明重组病毒 AcMNPV-PK2-EGFP 侵染甜菜夜蛾幼虫后，可以在神经索组织和中肠组织过表达 *ac-pk2* 基因。

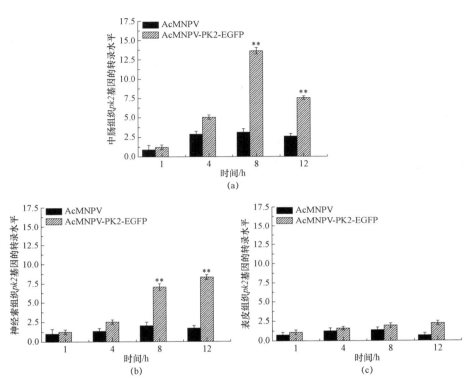

图 5-1 qPCR 检测 *ac-pk2* 在中肠、神经索、表皮组织的转录水平

AcMNPV，AcMNPV-PK2-EGFP 经口侵染甜菜夜蛾五龄幼虫后 1～12 h，分离中肠、神经、表皮组织提取 mRNA，并进行 RT-PCR 检测；（a）*ac-pk2* 基因在中肠中的转录水平；（b）*ac-pk2* 基因在神经索中的转录水平；（c）*ac-pk2* 基因在表皮组织中的转录水平（*$P<0.05$；**$P<0.01$）

## 5.4.2 *Bm*K IT 在 AcMNPV-PK2-EGFP 和 AcMNPV-*Bm*K IT 共侵染的甜菜夜蛾幼虫中肠、表皮、神经索组织转录水平的表达情况

AcMNPV 和 AcMNPV-PK2-EGFP 分别与 AcMNPV-*Bm*K IT 共侵染，之后检测 *Bm*K IT 在表皮组织，中肠组织和神经索组织的表达，结果如图 5-2 所示，在检测的时间范围内，表皮组织、中肠组织、神经索组织中 *Bm*K IT 基因的表达量分别在处理后 8 h、8 h 和 4 h 达到最大值。重组病毒 AcMNPV-PK2-EGFP 共侵染对 *Bm*K IT 在表皮组织的表达并没有显著的影响，结合前

面的结果可能是因为 *ac-pk2* 在表皮组织的表达量较低。在中肠组织，AcMNPV-*Bm*K IT＋AcMNPV-PK2-EGFP 处理组在病毒侵染后 4 h、8 h，*Bm*K IT 的转录水平显著高于 AcMNPV-*Bm*K IT＋AcMNPV 处理组，分别是后者的 1.32 倍、1.45 倍。在神经索组织中，AcMNPV-*Bm*K IT＋AcMNPV-PK2-EGFP 处理组在病毒侵染后 8 和 12 h 后 *Bm*K IT 的转录水平分别是 AcMNPV-*Bm*K IT＋AcMNPV 处理组的 1.34 倍和 1.27 倍。从转录水平提高的情况看，AcMNPV-PK2-EGFP 和 AcMNPV-*Bm*K IT 共处理可以提高 *Bm*K IT 在神经索组织和中肠组织的转录水平。

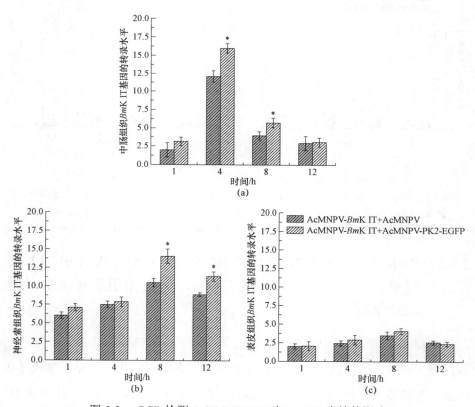

图 5-2　qPCR 检测 AcMNPV-PK2 对 *Bm*K IT 表达的影响

（a）*Bm*K IT 基因在中肠中的转录水平；（b）*Bm*K IT 基因在脊髓中的转录水平；
（c）*Bm*K IT 基因在表皮组织中的转录水平（*$P<0.05$；**$P<0.01$）

### 5.4.3　解毒相关基因 *p450*、*sod*、*cat* 在病毒侵染的甜菜夜蛾幼虫中肠组织的表达情况

超氧化物歧化酶（SOD）是一种源于生命体的活性物质，能消除生物体在新陈代谢过程中产生的有害物质。[126]过氧化氢酶（CAT）可以催化过氧化氢分解成氧和水，存在于所有已知的动物的各个组织细胞的过氧化物体内。细胞色素 p450 主要分布在内质网和线粒体内膜上。其参与内源物质的代谢与外源物质的转化，在外源物质降解方面起着重要作用，具有重要的生物学意义。图 5-3 是病毒侵染后 *sod*（a），*p450*（b），*cat*（c）基因在

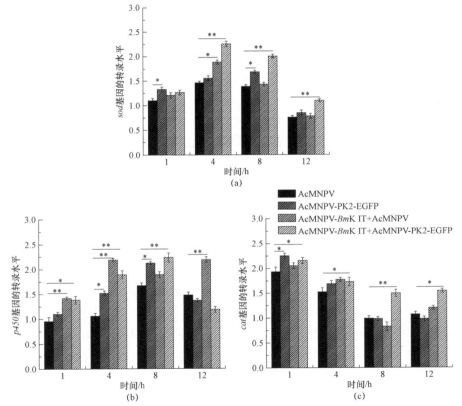

图 5-3　qPCR 分析 *p450*，*sod*，*cat* 在病毒侵染的甜菜夜蛾幼虫中的表达情况
（a）通过 qPCR 检测 *p450* 在中肠组织转录水平的表达；（b）通过 qPCR 检测 *sod* 在中肠组织
转录水平的表达；（c）通过 qPCR 检测 *cat* 在中肠组织转录水平的表达
β-actin 作为内参基因（$*P < 0.05$；$**P < 0.01$）

甜菜夜蛾幼虫中肠组织转录水平的表达情况，在检测的时间范围内，重组病毒 AcMNPV-PK2-EGFP 处理组 *sod* 的表达量在 8 h 达到最大、AcMNPV-*Bm*K IT＋AcMNPV、AcMNPV-*Bm*K IT＋AcMNPV-PK2-EGFP 处理组在 4 h 表达量达到最大值，AcMNPV-*Bm*K IT＋AcMNPV-PK2-EGFP 处理组表达量的最大值分别是 AcMNPV、AcMNPV-PK2-EGFP、AcMNPV-*Bm*K IT＋AcMNPV 的 1.55 倍，1.34 倍，1.19 倍。中肠组织 *cat* 基因的表达在各处理组病毒入侵 1 h 后最高，AcMNPV 处理组在 4 h 之后逐渐降低，其他处理组在 12 h 又有一个上升，AcMNPV-*Bm*K IT＋AcMNPV-PK2-EGFP 处理组 *cat* 基因的表达在 1 h、4 h 与其他处理组相差不大，在 8、12 h 显著高于其他处理组。AcMNPV、AcMNPV-PK2-EGFP、AcMNPV-*Bm*K IT＋AcMNPV-PK2-EGFP 处理组中，中肠组织的 *p450* 基因在 8 h 转录水平达到最大值，AcMNPV-*Bm*K IT＋AcMNPV 处理组在 4 h 达到最大，在 12 h 后仍存在上升趋势。

### 5.4.4　重组病毒的侵染对甜菜夜蛾幼虫体内酚氧化酶活性的影响

在昆虫体内，酚氧化酶（PO）是一种重要的酶，它在昆虫的变态发育和免疫系统中起着重要作用，参与防御反应和伤口愈合。当外来物入侵时，酚氧化酶原（proPO）从血细胞中释放出来并被激活成 PO，而激活的 PO 将酚氧化成醌，最终形成黑色素沉淀以防止血淋巴丢失，并阻止入侵的微生物乘机进入，由此对虫体产生保护作用[127]。分别用 PBS、AcMNPV、AcMNPV-PK2-EGFP、AcMNPV-*Bm*K IT＋AcMNPV、AcMNPV-*Bm*K IT＋AcMNPV-PK2-EGFP 侵染甜菜夜蛾幼虫 1 h、4 h、8 h、12 h，提取虫体血淋巴，检测虫体内酚氧化酶活性。结果如图 5-4 所示，AcMNPV-*Bm*K IT＋AcMNPV-PK2-EGFP 处理组酚氧化酶活性在 4 h 达到最大值，分别是 AcMNPV，AcMNPV-PK2-EGFP 和 AcMNPV-*Bm*K IT＋AcMNPV 处理组 4 h 的 1.58 倍、1.25 倍、1.18 倍。AcMNPV-PK2-EGFP 处理组酚氧化酶活性在 8 h 达到最大值，晚于 AcMNPV-*Bm*K IT＋AcMNPV 处理组和 AcMNPV-*Bm*K

IT＋AcMNPV-PK2-EGFP 处理组。

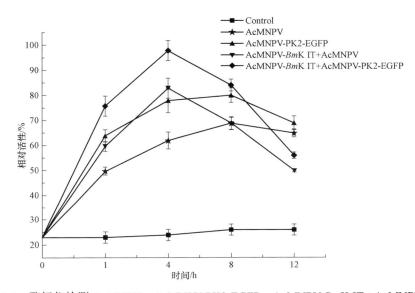

图 5-4　酶标仪检测 AcMNPV、AcMNPV-PK2-EGFP、AcMNPV-*Bm*K IT＋AcMNPV、
AcMNPV-*Bm*K IT＋AcMNPV-PK2-EGFP 处理对甜菜夜蛾幼虫
血淋巴中酚氧化酶活性的影响

## 5.4.5　重组病毒的侵染对甜菜夜蛾幼虫中肠组织 **P53** 蛋白表达的影响

在哺乳动物及其他有机体中，转录调控因子 P53 在保护基因组的完整和决定细胞命运中起着关键作用，当 AcMNPV 侵入宿主细胞后，会引起宿主细胞内 P53 表达量的增加。AcMNPV、AcMNPV-PK2-EGFP、AcMNPV-*Bm*K IT＋AcMNPV、AcMNPV-*Bm*K IT＋AcMNPV-PK2-EGFP 侵染甜菜夜蛾幼虫 1 h、4 h、8 h、12 h，检测中肠组织细胞 P53 蛋白的表达情况。Western blot 结果如图 5-5，是 AcMNPV 和 AcMNPV-PK2-EGFP 侵染 Sf9 细胞的进程中 p53 表达量的情况变化。灰度扫描结果可以看到各病毒处理组 P53 蛋白在病毒侵染后 1 h 开始表达，之后逐渐增加。病毒侵染 4 h 和 8 h 后，AcMNPV-PK2-EGFP、AcMNPV-*Bm*K IT＋AcMNPV、AcMNPV-*Bm*K IT＋AcMNPV-PK2-EGFP 处理组的 P53 蛋白显著或极显著的高于野生型病毒处

理组。这个结果说明 AcMNPV-*Bm*K IT 和 AcMNPV-PK2-EGFP 共侵染可以加速甜菜夜蛾幼虫中肠组织细胞的凋亡，增加其抗虫活性。

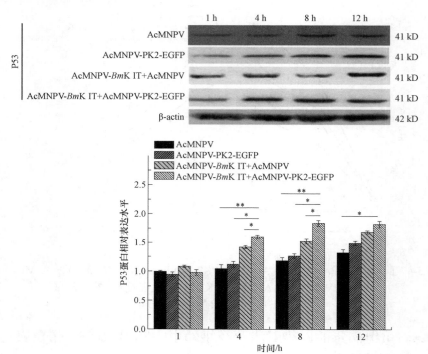

图 5-5　Western blot 检测病毒处理后甜菜夜蛾幼虫中肠组织细胞 P53 蛋白的表达情况

## 5.4.6　重组病毒的侵染对甜菜夜蛾幼虫中肠组织 eIF2α 磷酸化的影响

第 3 章的结果表明相较于野生型病毒 AcMNPV 而言，重组病毒 AcMNPV-PK2-EGFP 侵染 Sf9 细胞后会减少 eIF2α 的磷酸化，而 eIF2α 磷酸化会影响细胞内蛋白质翻译的起始，从而影响蛋白质合成水平。本章检测了病毒侵染后甜菜夜蛾幼虫中肠组织 eIF2α 磷酸化的情况。分别用 20 μL 浓度为 $1 \times 10^7$ pfu/mL 的 AcMNPV、AcMNPV-PK2-EGFP、AcMNPV-*Bm*K IT+AcMNPV、AcMNPV-*Bm*K IT+AcMNPV-PK2-EGFP 口服感染甜菜夜蛾五龄幼虫 1 h、4 h、8 h、12 h，检测了各处理组中肠组织细胞 eIF2α 磷酸化的情况。结果

如图 5-6 所示，可以看到 AcMNPV 处理组和 AcMNPV-*Bm*K IT＋AcMNPV
处理组中，eIF2α 的磷酸化随着侵染时间逐渐增加；AcMNPV-PK2-EGFP
处理组中，eIF2α 的磷酸化在病毒侵染后 4 h 达到最大值，8 h、12 h 逐渐减
少。AcMNPV-*Bm*K IT＋AcMNPV-PK2-EGFP 处理组中，eIF2α 的磷酸化在
8 h 达到最大值，12 h 开始减少。结果说明相较于野生型病毒，过表达 Ac-PK2
蛋白的重组病毒处理可以减少甜菜夜蛾中肠组织 eIF2α 的磷酸化，有利于
子代病毒的复制。

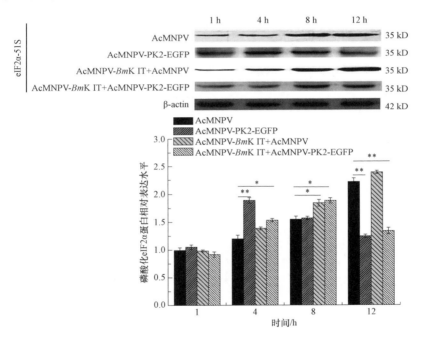

图 5-6　Western blot 检测病毒处理后甜菜夜蛾中肠组织细胞 eIF2α 磷酸化情况

## 5.4.7　重组病毒的侵染对甜菜夜蛾幼虫平均体重，致死率，蛹化率，羽化率的影响

结果如图 5-7 所示，每个处理组组包含 36 条幼虫，与空白处理组的甜
菜夜蛾幼虫相比，病毒处理组的甜菜夜蛾幼虫整体生长缓慢，发育延迟，
且死亡率较高，蛹化率和羽化率均较低。四个处理组互相比较，在病毒感

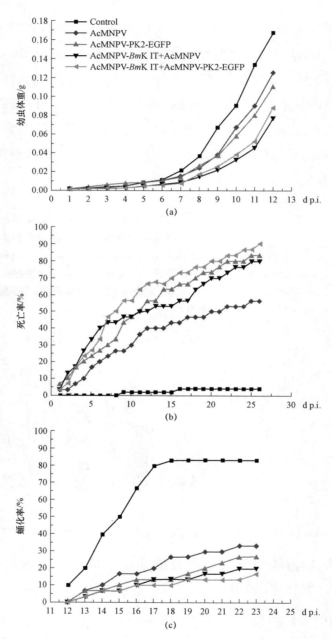

图 5-7　AcMNPV，AcMNPV-PK2-EGFP，AcMNPV-*Bm*K IT＋AcMNPV，and
AcMNPV-*Bm*K IT＋AcMNPV-PK2-EGFP 的抗虫活性分析
（a）幼虫平均体重和处理时间的相关性（d p.i.）；（b）死亡率分析；（c）蛹化率分析

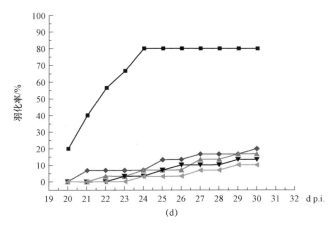

图 5-7　AcMNPV，AcMNPV-PK2-EGFP，AcMNPV-*Bm*K IT＋AcMNPV，and
AcMNPV-*Bm*K IT＋AcMNPV-PK2-EGFP 的抗虫活性分析（续）
（d）羽化率分析

染的前 7 天，各处理组虫体重量没有明显差异，从第七天开始，AcMNPV
和 AcMNPV-PK2-EGFP 病毒处理组的幼虫，生长较其他两组快，之后差异
逐渐增大，第七天 AcMNPV 病毒处理组的幼虫体重是病毒处理前的 3.6 倍，
分别是 AcMNPV-PK2-EGFP、AcMNPV-*Bm*K IT＋AcMNPV、AcMNPV-*Bm*K
IT＋AcMNPV-PK2-EGFP 处理组的 1.41 倍、1.57 倍和 1.67 倍。第八天，
AcMNPV 病毒处理组幼虫的平均体重约 0.024 5 g，而其他三组处理组的虫
体体重仅为 0.026 1 3 g、0.015 5 g、0.016 9 g。在感染九到十三天之间，
AcMNPV-PK2-EGFP 处理组虫体平均重量增加较慢，其平均生长速率为
AcMNPV 处理组的 0.83 倍。AcMNPV-*Bm*K IT＋AcMNPV-PK2-EGFP 病毒
处理组的幼虫生长速率较慢，其平均生长速率仅为 AcMNPV-*Bm*K
IT＋AcMNPV 处理组的 0.81 倍，结合前面的实验数据分析，推测过表达
Ac-PK2 蛋白可以帮助重组病毒 AcMNPV-*Bm*K IT 的复制，增加其感染效率，
从而降低了虫体的生长速率。

死亡率、蛹化率和羽化率是检测农药抗虫效应的重要指标，AcMNPV、
AcMNPV-PK2-EGFP、AcMNPV-*Bm*K IT＋AcMNPV、AcMNPV-*Bm*K IT＋
AcMNPV-PK2-EGFP 四个处理组甜菜夜蛾幼虫的死亡率分别为 54.78%、

76.6%、83.3%、90%，对应的蛹化率分别为 33.3%、26.67%、20%、16.67%，羽化率分别为 20%、16.67%、13.3%、10%。可以看到相对于 AcMNPV 处理组，AcMNPV-PK2-EGFP 和 AcMNPV-*Bm*K IT＋AcMNPV 处理组甜菜夜蛾幼虫的死亡率升高，羽化时间推迟，蛹化率和羽化率均降低，但 AcMNPV-*Bm*K IT＋AcMNPV-PK2-EGFP 共处理组其最终的致死率高于其单独处理组，蛹化率、羽化率低于其他三个处理组。综合上述结果，尽管 AcMNPV-PK2-EGFP、AcMNPV-*Bm*K IT＋AcMNPV 处理组相较于野生型病毒而言具有较高的抗虫活性，但 AcMNPV-*Bm*K IT＋AcMNPV-PK2-EGFP 共处理会使得抗虫活性进一步升高。

## 5.5 讨 论

前面两章的结果表明过表达 Ac-PK2 蛋白的重组病毒侵染宿主细胞后可以抑制 eIF2α 磷酸化，增加蛋白质的合成，提高子代病毒的产量，并通过影响线粒体凋亡通路加速宿主细胞的凋亡，说明重组病毒 AcMNPV-PK2-EGFP 较野生型病毒 AcMNPV 具有更高的细胞毒力。本章的研究发现，AcMNPV-PK2-EGFP 侵染可以上调甜菜夜蛾幼虫中肠和神经索组织中 *ac-pk2* 基因的表达，并且与 AcMNPV-*Bm*K IT 共侵染，可以上调 *Bm*K IT 在中肠组织和神经索组织的表达。

酚氧化酶在昆虫先天免疫系统中起重要作用[128]。外部微生物入侵的时候，酚氧化酶前体被丝氨酸蛋白酶催化产生有活性的酚氧化酶，启动昆虫先天免疫系统[129,130]。单酚类和双酚类化合物转化为醌类化合物可以用 PO 催化，醌类化合物在伤口部位转化为黑色素，黑色素形成结节，阻止微生物进入昆虫体腔[90,131-133]。本研究检测了病毒侵染之后甜菜夜蛾幼虫血淋巴中酚氧化酶的活性，发现酚氧化酶的活性和病毒的侵染具有时效关系，病毒侵染之后的前四个小时各处理组的酚氧化酶活性上调，之后逐渐下调。

重组杆状病毒 AcMNPV-*Bm*K IT 和 AcMNPV-PK2-EGFP 共处理组在病毒侵染 12 h 后酚氧化酶活性明显下降，接近野生型病毒 AcMNPV 处理组。本研究还发现 AcMNPV-*Bm*K IT＋AcMNPV-PK2-EGFP 处理组的最大酚氧化酶活性高于 AcMNPV-*Bm*K IT＋AcMNPV 处理组。重组病毒感染幼虫的氧化应激和免疫应答相关基因表达水平在 4 h 或 8 h 时升高，说明在感染早期出现了免疫反应。最近有报道发现棉铃虫丝氨酸蛋白酶 5/9 可以抑制 cPS4/6 调控黑化作用抑制酚氧化酶的活性，有利于杆状病毒侵染[96]。在病毒侵染的甜菜夜蛾幼虫中观察到的酚氧化酶的活性下降是否受到丝氨酸蛋白酶 5/9 的调控还有待进一步的研究。

　　细胞凋亡是宿主在细胞水平上抵抗病毒感染的一种机制。我们之前的研究发现重组病毒 AcMNP-*Bm*K IT 侵染可以加速 Sf9 细胞凋亡相关蛋白的表达[134]。在本研究中，分析了重组杆状病毒侵染的甜菜夜蛾幼虫中肠组织中凋亡相关蛋白 P53 的表达情况，发现 AcMNPV-*Bm*K IT 和 AcMNPV-PK2-EGFP 共处理后，中肠组织中 P53 蛋白表达上调，提示感染的甜菜夜蛾幼虫中肠组织的凋亡水平增加。幼虫致死率、蛹化率，羽化率，及幼虫平均体重的统计结果显示，相较于 AcMNPV 处理组，AcMNPV-PK2-EGFP 处理组具有更高的抗虫活性，而且 AcMNPV-PK2-EGFP 与 AcMNPV-*Bm*K IT 共侵染可以提高 AcMNPV-*Bm*K IT 的抗虫效率[135]。综上所述，我们的研究发现过表达 Ac-PK2 蛋白可以增加 AcMNPV 的抗虫活性，并对其可能的抗虫机制进行了分析。发现重组病毒 AcMNPV-PK2-EGFP 的侵染可以先上调后抑制甜菜夜蛾幼虫的体液免疫反应，更有利于子代病毒复制，同时加速幼虫中肠组织的凋亡水平，进而加速甜菜夜蛾幼虫的死亡，可以合并 AcMNPV-PK2-EGFP 与 AcMNPV-*Bm*K IT 生成一个新的潜在的生物杀虫剂。本研究为进一步开发重组杆状病毒生物杀虫剂提供了理论和实验依据。

# 总　结

　　AcMNPV 是一种模式杆状病毒，其作为生物杀虫剂具有传统杀虫剂所没有的优点，对环境污染小，不易产生抗药性，是害虫绿色防控的新策略，但是其也有一定的局限性，杀虫谱窄，杀虫效率低。为了提高其杀虫活性，将东亚钳蝎的昆虫特异性毒素基因 *Bm*K IT 插入到 AcMNPV 的基因组构建了重组病毒 AcMNPV-*Bm*K IT，我们之前的研究结果表明 AcMNPV-*Bm*K IT 能够上调抗凋亡基因的转录，增加子代病毒的产量，具有更高的抗虫活性。为了深入探讨 AcMNPV-*Bm*K IT 的抗虫机制，本研究中从转录水平分析了 AcMNPV-*Bm*K IT 的侵染对 Sf9 细胞中基因转录表达的影响，研究了过表达 Ac-PK2 蛋白的重组病毒 AcMNPV-PK2-EGFP/RFP 对宿主细胞蛋白质翻译、能量代谢、细胞凋亡的影响及作用机制，并通过虫试实验明确了其抗虫活性及具体的作用机制。

　　1. 鉴定 AcMNPV-*Bm*K IT 侵染后 Sf9 细胞中的差异表达基因

　　本研究中，通过转录组学的方法研究了 AcMNPV-*Bm*K IT 侵染后对 Sf9 细胞内基因转录水平的影响，筛选到 996 个差异表达的基因，对差异表达基因进行了功能注释。选取了 11 个差异表达基因，通过 qPCR 的方法对其表达进行了鉴定，结果与组学检测的结果基本一致。差异基因功能注释的结果显示病毒侵染后宿主细胞内蛋白质代谢和翻译过程受到影响，文献调研的结果显示 Ac-PK2 蛋白可以营救蛋白质的翻译，那么过表达 Ac-PK2 蛋白的重组病毒侵染后对宿主细胞蛋白质翻译、能量代谢、细胞凋亡有什么样的影响，是否具有更高的抗虫活性，进行了进一步的研究。

2. 重组病毒 AcMNPV-PK2-EGFP 通过调控宿主细胞能量代谢和蛋白质合成加速子代病毒的产生

利用 Bac-to-Bac 昆虫杆状病毒重组表达系统构建了过表达 Ac-PK2 的重组病毒 AcMNPV-PK2-EGFP。实时荧光定量 PCR 和 Western blot 分析结果表明，AcMNPV-PK2-EGFP 处理组 ac-pk2 基因的转录水平从 24 h 开始明显高于野生型病毒处理组，PK2-EGFP 融合蛋白的表达量随着感染时间的延长而逐渐增加，eIF2α 的磷酸化逐渐减少，说明过表达 Ac-PK2 蛋白可以抑制 eIF2α 的磷酸化。用 AcMNPV 和 AcMNPV-PK2-EGFP 分别与等量的 AcMNPV-Renilla-RFP 共侵染 Sf9 细胞后检测外源蛋白 Renilla 表达量，结果显示 AcMNPV-PK2-EGFP 处理组的 Renilla 的表达量在病毒侵染后 48 h、60 h、72 h 要显著高于野生型病毒处理组，同时也检测到 AcMNPV-PK2-EGFP 处理组总蛋白的表达量在病毒侵染后 48 h、60 h 显著高于野生型病毒处理组。进一步的实验检测到 AcMNPV-PK2-EGFP 处理组的葡萄糖消耗速率逐渐增加，培养液中乳酸积累减少，细胞内 HK 的活性和 ATP 的含量均有增加。蚀斑实验结果表明病毒侵染 48 h 之后，AcMNPV-PK2-EGFP 处理组子代病毒的产量显著高于野生型病毒处理组。

3. 明确了重组病毒 AcMNPV-PK2-RFP 通过调控线粒体凋亡途径加速宿主细胞的凋亡

流式细胞术的结果显示在病毒侵染 48 h、72 h 后，AcMNPV-PK2-EGFP 处理组 Sf9 细胞的凋亡显著高于野生型病毒处理组。ROS 活性检测实验的结果显示，AcMNPV-PK2-RFP 处理组 Sf9 细胞内 ROS 的水平在病毒侵染后 48 h、72 h 显著高于 AcMNPV 处理组。线粒体膜电势检测的结果表明，相较于野生型病毒处理组，AcMNPV-PK2-RFP 处理组线粒体膜电势显著降低。Western blot 的结果显示，AcMNPV-PK2-RFP 处理组可以加速细胞色素 c 从线粒体的释放。同时 AcMNPV-PK2-RFP 处理组在病毒侵染的晚期 P53

蛋白的表达显著高于 AcMNPV 处理组，推测晚期 SfP53 蛋白表达的增加是诱导线粒体细胞色素 c 的释放加快的一个因素。

4. 明确了 AcMNPV-PK2-EGFP 的抗虫活性及抗虫机制

qPCR 的结果显示重组病毒 AcMNPV-PK2-EGFP 侵染甜菜夜蛾幼虫后可以上调幼虫中肠组织和神经索组织 *ac-pk2* 的表达，AcMNPV-PK2-EGFP 和 AcMNPV-*Bm*K IT 共处理可以上调 *Bm*K IT 的表达。Western blot 结果表明 AcMNPV 调控 Ac-PK2 蛋白过表达的重组病毒侵染甜菜夜蛾幼虫之后可以降低幼虫中肠细胞 eIF2$\alpha$ 的磷酸化，从而有利于子代病毒复制。同时检测到 AcMNPV-*Bm*K IT＋AcMNPV-PK2-EGFP 处理组中肠组织 P53 蛋白的表达在病毒侵染 4 h 和 8 h 的时候显著地高于其他处理组，说明重组病毒 AcMNPV-PK2-EGFP 和 AcMNPV-*Bm*K IT 共侵染可以加速幼虫中肠组织细胞的凋亡。酚氧化酶活性实验的结果发现 AcMNPV-*Bm*K IT＋AcMNPV-PK2-EGFP 处理组酚氧化酶的活性在 4 h 的时候达到最大值，高于 AcMNPV-PK2-EGFP 和 AcMNPV-*Bm*K IT＋AcMNPV 处理组。抗虫实验统计结果表明，AcMNPV-PK2-EGFP 饲喂的甜菜夜蛾幼虫死亡率显著高于野生型病毒处理组，AcMNPV-PK2-EGFP 和 AcMNPV-*Bm*K IT 共饲喂的甜菜夜蛾幼虫，死亡率显著高于 AcMNPV-PK2-EGFP、AcMNPV-*Bm*K IT＋AcMNPV 处理组。这些结果表明过表达 Ac-PK2 蛋白可以提高 AcMNPV 的杀虫活性，AcMNPV-PK2-EGFP 和 AcMNPV-*Bm*K IT 共饲喂可以提高 AcMNPV-*Bm*K IT 的抗虫活性。

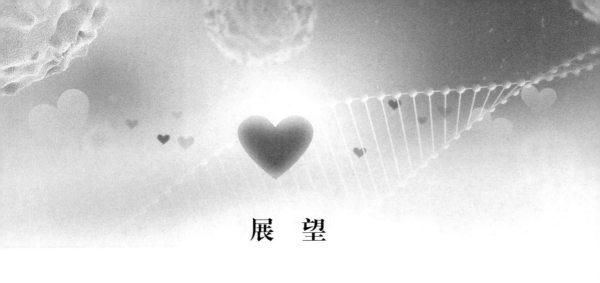

# 展　望

　　① 杆状病毒可以作为真核蛋白表达系统，已经发现过表达 Ac-PK2 蛋白的重组病毒 AcMNPV-PK2-EGFP 可以提高总蛋白和外源蛋白质的表达，后续可进一步探索 AcMNPV-PK2-EGFP 在真核蛋白表达系统的适用性，探索最佳表达条件。

　　② 利用蛋白质组学和磷酸化蛋白质组学的技术分析病毒侵染后对宿主细胞蛋白质磷酸化影响，研究磷酸化蛋白质的功能，进而从蛋白水平对杆状病毒侵染宿主细胞的机制进行系统深入的分析。

　　③ 研究中发现重组病毒可以在侵染的早期刺激甜菜夜蛾幼虫中酚氧化酶的活性升高，之后又降低，说明病毒侵染之后会激活相关的调控机制来抑制酚氧化酶的活性，从而有利于杆状病毒的复制。最近的研究发现棉铃虫核型多角体病毒侵染后，棉铃虫的丝氨酸蛋白酶抑制剂（Serpin5/9）可以通过抑制黑化作用来抑制酚氧化酶的活性，从而促进棉铃虫核型多角体病毒的复制和侵染。甜菜夜蛾幼虫中是否也存在这样的机制还有待进一步的研究。

　　④ IMD/NF-kB 通路和 Toll 样受体信号通路在昆虫的天然免疫应答中发挥非常重要的作用，可以促进抗病毒防御，但 IMD 调控的抗病毒效应机制尚不清楚。后续针对这些通路进行进一步的研究，探索重组 AcMNPV-wPK2-EGFP 和 AcMNPV-*Bm*K IT 侵染后对 Sf9 细胞以及甜菜夜蛾幼虫中免疫信号通路的影响。

# 参考文献

［1］ KAWASAKI Y, MATSUMOTO S, NAGAMINE T. Analysis of baculovirus IE1 in living cells: dynamics and spatial relationships to viral structural proteins ［J］. Journal of General Virology, 2004, 85(12): 3575-3583.

［2］ BIÉMONT C, VIEIRA C. Genetics: junk DNA as an evolutionary force ［J］. Nature, 2006, 443(7111): 521-524.

［3］ MILLER D W, MILLER L K. A virus mutant with an insertion of a copia-like transposable element ［J］. Nature, 1982, 299(5883): 562-564.

［4］ KOST T A. Expression vectors and delivery systems tools for determining gene function and gene therapy ［J］. Current Opinion in Biotechnology, 1999, 10(5): 409-410.

［5］ KOST T A, CONDREAY J P. Recombinant baculoviruses as expression vectors for insect and mammalian cells ［J］. Current Opinion in Biotechnology, 1999, 10(5): 428-433.

［6］ KOST T A, CONDREAY J P. Recombinant baculoviruses as mammalian cell gene-delivery vectors ［J］. Trends in Biotechnology, 2002, 20(4): 173-180.

［7］ KOST T A, CONDREAY J P, JARVIS D L. Baculovirus as versatile vectors for protein expression in insect and mammalian cells ［J］. Nature

Biotechnology, 2005, 23(5): 567-575.

［8］ 赵洁. AcMNPV 介导 *Bm*K IT 的表达对 Sf9 细胞作用机制的研究［D］. 太原：山西大学，2015.

［9］ HOU D, ZHANG L, DENG F, et al. Comparative proteomics reveal fundamental structural and functional differences between the two progeny phenotypes of a baculovirus［J］. Journal of Virology, 2013, 87(2): 829-839.

［10］ 陈琳. 苜蓿银纹夜蛾核型多角体病毒（AcMNPV）odv-e25 的分子生物学［D］. 杭州：浙江大学，2013.

［11］ HUGHES K M, ADDISON R B. Two nuclear polyhedrosis viruses of the Douglas-fir tussock moth［J］. Journal of Invertebrate Pathology, 1970, 16(2): 196-204.

［12］ JEHLE J A, BLISSARD G W, BONNING B C, et al. On the classification and nomenclature of baculoviruses: a proposal for revision ［J］. Archives of Virology, 2006, 151(7): 1257-1266.

［13］ COLOSIMO A, GONCZ K K, HOLMES A R, et al.Transfer and expression of foreign genes in mammalian cells［J］. Biotechniques, 2000, 29(2): 314-331.

［14］ BYRNE LJ, O'CALLAGHAN KJ, Tuite MF. Heterologous gene expression in yeast (Methods in Molecular Biology™)［M］. Clifton: Humana Press, 2005.

［15］ 欧艳梅. 抗宿主细胞凋亡策略以优化杆状病毒表达载体［D］. 咸阳：西北农林科技大学，2015.

［16］ AKKARI P A, NOWAK K J, BECKMAN K, et al. Production of human skeletal a-actin proteins by the baculovirus expression system ［J］. Biochemical and Biophysical Research Communications, 2003, 307(1): 74-79.

［17］ TONY C A, PHAN K J, NOWAK P A, et al. Expression of caltrin in the baculovirus system and its purifi cation in high yield and purity by cobalt(Ò)affinity chromatography［J］. Protein Expression and Purification, 2003, 29(2): 284-290.

［18］ NAGATA T, ISHIKAWA S, SHIMOKAWA E, et al. High level expression and purifi cation of bioactive bovine interleukin-18 using a baculovirus system ［J］. Veterinary Immunology and Immunopathology, 2002, 87(1-2): 65-72.

［19］ MWANGI S M, STABEL T J, KEHRLI M E JR. Development of a baculovirus expression system for soluble porcine tumor necrosis factor receptor type I and soluble porcine tumor necrosis factor receptor type I-Ig G fusion protein［J］. Veterinary Immunology and Immunopathology, 2002, 86(3-4): 251-254.

［20］ DORJSUREN D, BADRALMAA Y, MIKOVITS J, et al. Expression and purification of recombinant Kaposi's sarcoma-associated herpesvirus DNA polymerase using a Baculovirus vector system ［J］. Protein Expression and Purification, 2003, 29(1): 42-50.

［21］ 曹建斌，范晓军，梁爱华. 杆状病毒及其应用［J］. 科技情报开发与经济，2007，17（18）：131-132.

［22］ 杨向黎. 新型农药-病毒性杀虫剂［J］. 农业知识，2013，7：43.

［23］ GERSHBURG E, STOCKHOLM D, FROY O, et al. Baculovirus-mediated expression of a scorpion depressant toxin improves the insecticidal efficacy achieved with excitatory toxins［J］. FEBS Letters, 1998, 422(2): 132-136.

［24］ REGEV A, RIVKIN H, INCEOGLU B, et al. Further enhancement of baculovirus insecticidal efficacy with scorpion toxins that interact cooperatively［J］. FEBS Letters, 2003, 537(1-3): 106-110.

［25］ BONNING B C, HOOVER K, DUFFEY S, et al. Production of polyhedra of the Autographa californica nuclear polyhedrosis virus using the Sf21 and Tn5B1-4 cell lines and comparison with host-derived polyhedra by bioassay ［J］. Journal of Invertebrate Pathology, 1995, 66(3): 224-230.

［26］ HARRISON R L, BONNING B C. Use of scorpion neurotoxins to improve the insecticidal activity of rachiplusia ou multicapsid nucleopolyhedrovirus ［J］. Biological Control, 2000, 17(2): 191-201.

［27］ BEL HAJ RHPUMA R, CÉRUTTI-DUONOR M, BENKHADIR K, et al. Insecticidal effects of Buthus occitanus tunetanus BotIT6 toxin expressed in Escherichia coli and baculovirus/insect cells ［J］. Journal of Insect Physiology, 2005, 51(12): 1376-1383.

［28］ 曹建斌. 重组杆状病毒（AcMNPV-*Bm*K IT-vcath）的构建及活性测定 ［D］. 太原：山西大学，2008.

［29］ 范晓军. 重组蝎昆虫毒素（*Bm*K IT）杆状病毒研究 ［D］. 太原：山西大学，2008.

［30］ 李星. AcMNPV 早、晚期启动子调控表达 *Bm*K IT 的抗虫机制研究 ［D］. 太原：山西大学，2016.

［31］ 梁布锋，刘润忠，张友清. 重组杆状病毒杀虫剂的研制和田间试验 ［J］. 中国生物防治，1997，13（4）：179-181.

［32］ 林同，张传溪. 重组杆状病毒杀虫剂的生物安全性 ［J］. 昆虫学报，2003，46（2）：244-249.

［33］ ASHOUR M B, RAGHEB D A, EL-SHEIKHEL-SA, et al. Biosafety of recombinant and wild type nucleopolyhedroviruses as bioinsecticides ［J］. International Journal of Environmental Research and Public Health, 2007, 4(2): 111-125.

［34］ HOFMANN C. Generation of envelope-modified baculoviruses for gene delivery into mammalian cells［M］//Methods in Molecular Biology.2016, 1350: 491-504.

［35］ KREUTZWEISER D, ENGLAND L, SHEPHERD J, et al. Comparative effects of a genetically engineered insect virus and a growth-regulating insecticide on microbial communities in aquatic microcosms ［J］. Ecotoxicology and Environmental Safety, 2001, 48(1): 85-98.

［36］ LI J, HEINZ K M, FLEXNER J L, et al. Effects of recombinant baculoviruses on three nontarget heliothine predators ［J］. Biological Control, 1999, 15(3): 293-302.

［37］ SMITH C R, HEINZ K M, SANSONE C G, et al. Impact of recombinant baculovirus field applications on a non-target heliothine parasitoid Microplitis croceipes(Hymenoptera: Braconidae) ［J］. Journal of Economic Entomology, 2000, 93(4): 1109-1117.

［38］ BOUGHTON A J, OBRYCKI J J, BONNING B C. Effects of a protease-expressing recombinant baculovirus on nontarget insect predators of Heliothis virescens ［J］. Biological Control, 2003, 28(1): 101-110.

［39］ INCEOGLU A B, KAMITA S G, HINTON A C, et al. Recombinant baculoviruses for insect control ［J］. Pest Management Science, 2001, 57(10): 981-987.

［40］ SZEWCZYK B, HOYOS-CARVAJAL L, PALUSZEK M, et al. Baculoviruses-re-emerging biopesticides ［J］. Biotechnology Advances, 2006, 24(2): 143-160.

［41］ GUTIÉRREZ S, MUTUEL D, GRARD N, et al. The deletion of the pif gene improves the biosafety of the baculovirus-based technologies ［J］. Journal of Biotechnology, 2005, 116(2): 135-143.

［42］ SCHNETTLER E, TYKALOVÁ H, WATSON M, et al. Induction and suppression of tick cell antiviral RNAi responses by tick-borne flaviviruses [J]. Nucleic Acids Research, 2014, 42(14): 9436-9446.

[43] SÁNCHEZ-VARGAS I, SCOTT J C, POOLE-SMITH B K, et al. Dengue virus type 2 infections of Aedes aegypti are modulated by the mosquito's RNA interference pathway [J]. PLoS Pathogens, 2009, 5(2): e1000299.

[44] JAYACHANDRAN B, HUSSAIN M, ASGARI S. RNA interference as a cellular defense mechanism against the DNA virus baculovirus [J]. Journal of Virology, 2012, 86(24): 13729-13734.

[45] LI H, LI W X, DING S W. Induction and suppression of RNA silencing by an animal virus [J]. Science, 2002, 296(5571): 1319-1321.

[46] CARISSIMO G, PONDEVILLE E, MCFARLANE M, et al. Antiviral immunity of Anopheles gambiae is highly compartmentalized, with distinct roles for RNA interference and gut microbiota [J]. Proceedings of the National Academy of Sciences, 2015, 112(2): E176-E185.

[47] CHEJANOVSKY N, OPHIR R, SCHWAGER M S, et al. Characterization of viral siRNA populations in honey bee colony collapse disorder [J]. Virology, 2014, 454-455: 176-183.

[48] ZOGRAFIDIS A, VAN NIEUWERBURGH F, KOLLIOPOULOU A, et al. Viral small-RNA analysis of Bombyx mori larval midgut during persistent and pathogenic cytoplasmic polyhedrosis virus Infection [J]. Journal of Virology, 2015, 89(22): 11473-11486.

[49] GAMMON D B, DURAFFOUR S, ROZELLE D K, et al. A single vertebrate DNA virus protein disarms invertebrate immunity to RNA virus infection [J]. Elife, 2014, 3: e02910.

[50] DING S W. RNA-based antiviral immunity [J]. Nature Reviews Immunology, 2010, 10(9): 632-644.

[51] MORAZZANI E M, WILEY M R, MURREDDU M G, et al. Production

of virus-derived ping-pong-dependent piRNA-like small RNAs in the mosquito soma [J]. PLoS Pathogens, 2012, 8(1): e1002470.

[52] AGUIAR E R, OLMO R P, PARO S, et al. Sequence-independent characterization of viruses based on the pattern of viral small RNAs produced by the host [J]. Nucleic Acids Research, 2016, 44(7): 3477-3478.

[53] VAN CLEEF K W, VAN MIERLO J T, MIESEN P, et al. Mosquito and Drosophila entomobirnaviruses suppress dsRNA-and siRNA-induced RNAi [J]. Nucleic Acids Research, 2014, 42(13): 8732-8744.

[54] BRONKHORST A W, VAN CLEEF K W, VENSELAAR H, et al. A dsRNA-binding protein of a complex invertebrate DNA virus suppresses the Drosophila RNAi response [J]. Nucleic Acids Research, 2014, 42(19): 12237- 12248.

[55] VAN RIJ R P, SALEH M C, BERRY B, et al. The RNA silencing endonuclease Argonaute 2 mediates specific antiviral immunity in Drosophila melanogaster [J]. Genes & Development, 2006, 20(21): 2985-2995.

[56] NAYAK A, BERRY B, TASSETTO M, et al. Cricket paralysis virus antagonizes Argonaute 2 to modulate antiviral defense in Drosophila [J]. Nature Structural & Molecular Biology, 2010, 17(5): 547-554.

[57] VAN MIERLO J T, OVERHEUL G J, OBADIA B, et al. Novel Drosophila viruses encode host-specific suppressors of RNAi [J]. PLoS Pathogens, 2014, 10(7): e1004256.

[58] CLEM R J. Viral IAPs, then and now [J]. Seminars in Cell and Developmental Biology, 2015, 39: 72-79.

[59] SETTLES E W, FRIESEN P D. Flock house virus induces apoptosis by depletion of Drosophila inhibitor-of-apoptosis protein DIAP1[J]. Journal

of Virology, 2008, 82(3): 1378-1388.

［60］ BYERS N M, VANDERGAAST R L, FRIESEN P D. Baculovirus inhibitor-of- apoptosis Op-IAP3 blocks apoptosis by interaction with and stabilization of a host insect cellular IAP［J］. Journal of Virology, 2016, 90(1): 533-544.

［61］ LIU B, BEHURA S K, CLEM R J, et al. P53-Mediated rapid induction of apoptosis conveys resistance to viral infection in Drosophila melanogaster［J］. PLoS Pathogens, 2013, 9(2): e1003137.

［62］ VANDERGAAST R, MITCHELL J K, Byers N M, et al. Insect Inhibitor-of- Apoptosis (IAP) proteins are negatively regulated by signal-induced N- Terminal degrons absent with in viral IAP proteins ［J］. Journal of Virology, 2015, 89(8): 4481-4493.

［63］ 刘凯于，邓玉杰，张许平，等. 昆虫细胞程序性死亡的研究进展［J］. 昆虫学报，2008，51（6）：652-658.

［64］ KIESSLING S, GREEN D R. Cell survival and proliferation in Drosophila S2 cells following apoptotic stress in the absence of the APAF-1 homolog, ARK, or downstream caspases［J］. Apoptosis, 2006, 11(4): 497-507.

［65］ HUANG J, LV C, HU M, et al. The mitochondria-mediate apoptosis of Lepidopteran cells induced by azadirachtin［J］. PLoS One, 2013, 8(3): e58499.

［66］ ZHANG Y, DONG H, ZHANG J, et al. Inhibitory effect of hyperoside isolated from Zanthoxylum bungeanum leaves on SW620 human colorectal cancer cells via induction of the p53 signaling pathway and apoptosis［J］. Molecular Medicine Reports, 2017, 16(2): 1125-1132.

［67］ KUMARSWAMY R, SETH R K, DWARAKANATH B S, et al. Mitochondrial regulation of insect cell apoptosis: evidence for permeability transition pore-independent cytochrome-c release in the Lepidopteran Sf9 cells〔J〕. International Journal of Biochemistry & Cell Biology, 2009, 41(6): 1430-1440.

〔68〕 王文祥，钟国华，胡美英，等. 喜树碱诱导的草地贪夜蛾 Sf9 细胞凋亡〔J〕. 昆虫学报，2011，54（8）：894-901.

〔69〕 PAN C, HU YF, SONG J, et al. Effects of 10-hydroxycamptothecin on intrinsic mitochondrial pathway in silkworm BmN-SWU1 cells〔J〕. Pesticide Biochemistry and Physiology, 2016, 127: 15-20.

〔70〕 ZHANG L, ZHANG Y, HE W, et al. Effects of camptothecin and hydroxycamptothecin on insect cell lines Sf21 and IOZCAS-Spex-II 〔J〕. Pest Management Science, 2012, 68(4): 652-657.

〔71〕 SUGANUMA I, USHIYAMA T, YAMADA H, et al. Cloning and characterization of a dronc homologue in the silkworm, *Bombyx mori* 〔J〕. Insect Biochemistry and Molecular Biology, 2011, 41(11): 909-921.

〔72〕 IKEDA M, YAMADA H, HAMAJIMA R, et al. Baculovirus genes modulating intracellular innate antiviral immunity of lepidopteran insect cells〔J〕. Virology, 2013, 435(1): 1-13.

〔73〕 LI J J, CAO C, FIXSEN S M, et al. Baculovirus protein PK2 subverts eIF2α kinase function by mimicry of its kinase domain C-lobe 〔J〕. Proceedings of the National Academy of Sciences, 2015, 112(32): E4364-E4373.

〔74〕 AARTI I, RAJESH K, RAMAIAH K V. Phosphorylation of eIF2 alpha in Sf9 cells: a stress, survival and suicidal signal〔J〕. Apoptosis, 2010, 15(6): 679-692.

〔75〕 PARADKAR P N, DUCHEMIN J B, VOYSEY R, et al. Dicer-2-dependent activation of Culex Vago occurs via the TRAF-Rel2 signaling pathway〔J〕. PLoS Neglected Tropical Diseases, 2014, 8(4): e2823.

［76］ COSTA A1, JAN E, SARNOW P, et al. The Imd pathway is involved in antiviral immune responses in Drosophila［J］. PLoS One, 2009, 4(10): e7436.

［77］ AVADHANULA V, WEASNER B P, HARDY G G, et al. A novel system for the launch of alphavirus RNA synthesis reveals a role for the Imd pathway in arthropod antiviral response［J］. PLoS Pathogens, 2009, 5(9): e1000582.

［78］ LAMIABLE O, KELLENBERGER C, KEMP C, et al. Cytokine Diedel and a viral homologue suppress the IMD pathway in Drosophila ［J］. Proceedings of the National academy of sciences, 2016, 113(3): 698-703.

［79］ 张明明，初源，赵章武，等. 昆虫天然免疫反应分子机制研究进展 ［J］. 昆虫学报，2012，55（10）：1221-1229.

［80］ CAO C, MAGWIRE M M, BAYER F, et al. A polymorphism in the processing body component ge-1 controls resistance to a naturally occurring rhabdovirus in drosophila［J］. PLOS Pathogens, 2016, 12(1): e1005387.

［81］ ANDERSON K V, BOKLA L, NÜSSLEIN-VOLHARD C. Establishment of dorsal-ventral polarity in the Drosophila embryo: the induction of polarity by the Toll gene product［J］. Cell, 1985, 42(3): 791-798.

［82］ LEMAITRE B, NICOLAS E, MICHAUT L, et al. The dorsoventral regulatory gene cassette spätzle/Toll/cactus controls the potent antifungal response in Drosophila adults［J］. Cell, 1996, 86(6): 973-983.

［83］ 李思思. AcMNPV 敏感宿主 Spodoptera frugiperda 若干免疫及表观遗传相关基因的研究［D］. 天津：南开大学，2012.

［84］ 张茜，彭建新，洪华珠. PI3K-Akt 和 JNK 信号通路抑制剂对杆状病毒诱导昆虫细胞凋亡影响的初步研究［J］. 华中师范大学学报，2012，

42（2）: 195-203.

［85］ MARQUES J T, IMLER J L. The diversity of insect antiviral immunity: insights from viruses ［J］. Current Opinion in Microbiology, 2016, 32: 71-76.

［86］ IKEDA M, YAMADA H, HAMAJIMA R, et al. Baculovirus genes modulating intracellular innate antiviral immunity of lepidopteran insect cells ［J］. Virology, 2013, 435(1): 1-13.

［87］ TSUZUKI S, MATSUMOTO H, FURIHATA S, et al. Switching between humoral and cellular immune responses in Drosophila is guided by the cytokine GBP ［J］. Nature Communication, 2014, 5: 4628.

［88］ HILLYER J F. Insect immunology and hematopoiesis ［J］. Developmental and Comparative Immunology 2016, 58: 102-118.

［89］ FERRANDON D, IMLER J L, HETRU C, et al. The Drosophila systemic immune response: sensing and signaling during bacterial and fungal infections ［J］. Nature Reviews Immunology, 2007, 7(11): 863-874.

［90］ KANOST MR, JIANG H, YU X Q. Innate immune responses of a lepidopteran insect *Manduca sexta* ［J］. Immunological Reviews, 2004, 198: 97-105.

［91］ LEMAITRE B, HOFFMANN J. The host defense of Drosophila melanogaster ［J］. Aannual Review of Immunology, 2007, 25: 697-743.

［92］ KEMP C, IMLER J L. Antiviral immunity in drosophila ［J］. Current Opinion in Microbiology, 2009, 21(1): 3-9.

［93］ SABIN L R, HANNA S L, CHERRY S. Innate antiviral immunity in Drosophila ［J］. Current Opinion in Microbiology, 2010, 22(1): 4-9.

［94］ STEINERT S, LEVASHINA E A. Intracellular immunity responses of dipteran insects ［J］. Immunology Review, 2011, 240(1): 129-140.

［95］ 李滨. 菜青虫酚氧化酶原编码基因的分子克隆及其表达研究［D］. 泰安：山东农业大学，2012.

［96］ YUAN C, XING L, WANG M, et al. Inhibition of melanization by serpin-5 and serpin-9 promotes baculovirus infection in cotton boll worm *Helicoverpa armigera*［J］. PLoS Pathogens, 2017, 13(9): e1006645.

［97］ BERNAL V, CARINHAS N, YOKOMIZO A Y, et al. Cell density effect in the Baculovirus-Insect Cells System: a quantitative analysis of energetic metabolism［J］. Biotechnology and Bioengineering, 2009, 104(1): 162-180.

［98］ BERNAL V, MONTEIRO F, CARINHAS N, et al. An integrated analysis of enzyme activities, cofactor pools and metabolic fluxes in baculovirus-infected *Spodoptera frugiperda* Sf9 cells［J］. Journal of Biotechnology, 2010, 150(3): 332-342.

［99］ LEVINE B. Eating oneself and uninvited guests: autophagy-related pathways in cellular defense［J］. Cell, 2005, 120(2): 159-162.

［100］ LV S, XU Q, SUN E, ET al. Impaired cellular energy metabolism contributes to blue tongue-virus-induced autophagy［J］. Archives of Virology, 2016, 161(10): 2807-2811.

［101］ MUNGER J, BENNETT B D, PARIKH A, et al. Systems-level metabolic flux profiling identifies fatty acid synthesis as a target for antiviral therapy［J］. Nature Biotechnology, 2008, 26(10): 1179-1186.

［102］ PENG R W, FUSSENEGGER M. Molecular engineering of exocytic vesicle traffic enhances the productivity of Chinese hamster ovary cells ［J］. Biotechnology and Bioengineering, 2009, 102(4): 1170-1181.

［103］ RITTER J B, WAHL A S, FREUND S, et al. Metabolic effects of influenza virus infection in cultured animal cells: Intra-and extracellular metabolite profiling［J］. BMC System Biology, 2010, 4: 61.

［104］ VESTER D, RAPP E, GADE D, et al. Quantitative analysis of cellular proteome alterations in human influenza A virus-infected mammalian cell lines ［J］. Proteomic, 2009, 9(12): 3316-3327.

［105］ LOOMIS K, ROCKWELL C, STERNARD H, et al. P220-S Dual-purpose insect cell expression vector for transient transfection and baculovirus generation ［J］. J Biomol Tech, 2007, 18(1): 76.

［106］ RHIEL M, MITCHELLLOGEAN C M, MURHAMME D W. Comparison of *Trichoplusia ni* BTI-Tn-5B1-4 (High Five) and *Spodoptera frugiperda* Sf-9 insect cell line metabolism in suspension cultures ［J］. Biotechnology and Bioengineering, 1997, 55(6): 909-920.

［107］ VIEIRA H L, ESTÊVÃO C, ROLDÃO A, et al. Triple layered rotavirus VLP production: kinetics of vector replication, mRNA stability and recombinant protein production ［J］. Journal of Biotechnology, 2005, 120(1): 72-82.

［108］ KELLY B J, KING L A, POSSEE R D. Introduction to baculovirus molecular biology ［J］. Methods in Molecular Biology, 2016, 1350: 25-50.

［109］ THIEM S M. Baculovirus genes affecting host function ［J］. In Vitro Cellular & Developmental Biology-Animal, 2009, 45(3-4): 111-126.

［110］ MONTEIRO F, BERNAL V, ALVES P M. The Role of Host Cell Physiology in the productivity of the Baculovirus-Insect Cell System: fluxome analysis of *Trichoplusia ni* and *Spodoptera frugiperda* Cell Lines ［J］. Biotechnology and Bioengineering, 2017, 114(3): 674-684.

［111］ MORRIS T D, TODD J W, FISHER B, et al. Identification of lef-7: a baculovirus gene affecting late gene expression ［J］. Virology, 1994, 200(2): 360-369.

［112］ LI Y, MILLER L K. Expression and functional analysis of a baculovirus gene encoding a truncated protein kinase homolog [J]. Virology, 1995, 206(1): 314-323.

[113] DEVER T E, SRIPRIYA R, MCLACHLIN J R, et al. Disruption of cellular translational control by a viral truncated eukaryotic translation initiation factor 2 alpha kinase homolog [J]. Proceedings of the National Academy of Sciences, 1998, 95(8): 4164-4169.

[114] FAN X J, ZHEN B, FU Y J, et al. Baculovirus mediated expression of a Chinese scorpion neurotoxin improves insecticidal efficacy [J]. Chinese Science Bulletin, 2008, 12: 1855-1860.

[115] GONI O, FORT A, QUILLE P, et al. Comparative transcriptome analysis of two *Ascophyllum nodosum* extract biostimulants: same seaweed but different [J]. Journal of Agricultural and Food Chemistry, 2016, 64(14): 2980-2989.

[116] LILI W, LEIXI C, YANYAN M, et al. Transcriptome analysis of Spodoptera frugiperda 9 (Sf9) cells infected with baculovirus, AcMNPV or AcMNPV-BmK IT [J]. Biotechnology letters, 2017, 39(8): 1129-1139.

[117] 许书美,付月君. 杆状病毒 AcMNPV 中 Ac109 蛋白的抗虫功能分析 [J]. 山西农业科学, 2018, 46 (2): 155-158.

[118] GILMORE T D, WOLENSKI F S. NF-kappa B: where did it come from and why? [J]. Immunology Review, 2012, 246(1): 14-35.

[119] MOULTON J K, PEPPER D A, JANSSON R K, et al.Pro-active management of beet armyworm (Lepidoptera: Noctuidae) resistance to tebufenozide and methoxyfenozide: baseline monitoring, risk assessment, and isolation of resistance[J]. Journal of Economic Entomology, 2002, 95(2): 414-424.

［120］ LILI W, AIHUA L, YUEJUN F. Expression of Ac-PK2 protein from AcMNPV improved the progeny virus production via regulation of energy metabolism and protein synthesis ［J］. RSC Advances, 2018, 8(54): 31071-31080.

［121］ BAEHRECKE E H. How death shapes life during development ［J］. Nature Reviews Molecular Cell Biology, 2002, 3(10): 779-787.

［122］ 赵坤. 香烟烟雾对肿瘤微环境内中性粒细胞的生物学功能影响的体外研究［D］. 天津：天津医科大学，2018.

［123］ 晋小婷. DDT 暴露引起肝脏损伤和致癌作用的分子毒理研究［D］. 太原：山西大学，2016.

［124］ KINNALLY K W, ANTONSSON B. A tale of two mitochondrial channels, MAC and PTP, in apoptosis［J］. Apoptosis, 2007, 12(5): 857-868.

［125］ LIU L, PENG J, LIU K, et al. Influence of cytochrome c on apoptosis induced by *Anagrapha* (Syngrapha) *falcifera* multiple nuclear poly-hedrosis virus(AfMNPV)in insect *Spodoptera litura* cells ［J］. Cell Biology International, 2007, 31(9): 996-1001.

［126］ 王晓星，顾彦，陈登霞，等. 超氧化物歧化酶对 $TiO_2$ 光催化损伤 DNA 的影响 ［J］. 化学学报，2010，68（23）：2463-2470.

［127］ 薛超彬. 菜青虫酚氧化酶抑制剂的抑制动力学及其构效关系（QSAR）研究［D］. 泰安：山东农业大学，2007.

［128］ ODONBAYAR B, MURATA T, BATKHUU J, et al. Antioxidant flavonols and phenolic compounds from atraphaxis frutescens and their inhibitory activities against insect phenoloxidase and mushroom tyrosinase ［J］. Journal of Natural Products, 2016, 79(12): 3065-3071.

［129］ SUGUMARAN M. Comparative biochemistry of eumelanogenesis and the protective roles of phenoloxidase and melanin in insects [J]. Pigment Cell Research, 2002, 15(1): 2-9.

[130] SHRESTHA S, KIM Y. Eicosanoids mediate prophenoloxidase release from oenocytoids in the beet armyworm *Spodoptera exigua* [J]. Insect Biochemical and Molecular Biology, 2008, 38(1): 99-112.

[131] SEO S, LEE S, HONG Y, et al. Phospholipase A2 inhibitors synthesized by two entomopathogenic bacteria, *Xenorhabdus nematophila* and *Photorhabdus temperata subsp.*temperata [J]. Apply Environment Microbiology, 2012, 78(11): 3816-3823.

[132] KANG S, HAN S, KIM Y. Identification of an entomopathogenic bacterium, *Photorhabdus temperata subsp.*temperata, in Korea [J]. Journal of Asia-Pacific Entomology, 2004, 7(3): 331-337.

[133] HU K, WEBSTER J M. Antibiotic production in relation to bacterial growth and nematode development in Photorhabdus–heterorhabditis infected *Galleria mellonella* larvae [J]. FEMS Microbiology Letters, 2000, 189(2): 219-223.

[134] FU Y, LI X, DU J, et al. Regulation analysis of AcMNPV-mediated expression of a Chinese scorpion neurotoxin under the IE1, P10 and PH promoter in vivo and its use as a potential bio-insecticide [J]. Biotechnology Letters, 2015, 37(10): 1929-1936.

[135] LILI W, SHUMEI X, AIHUA L, et al. Insect-resistant Mechanism of Recombinant Baculovirus AcMNPV-PK2-EGFP against Spodoptera exigua Larvae [J]. Biotechnology and Bioprocess Engineering, 2019, 24(4):638-645.

# 英文缩略语表

| | | |
|---|---|---|
| AcMNPV | 苜蓿银纹夜蛾核型多角体病毒 | *Autographa californica* multiple nuclear polyhedrosis virus |
| BV | 出芽型病毒 | Budded virus |
| ODV | 包埋型病毒 | Occlusion derived virus |
| *Bm*K IT | 东亚钳蝎昆虫神经毒素 | *Buthus martensii* Karshch insect-selectivescorpion neurotoxin |
| SIM SF | 血清昆虫细胞培养基 | Serum-Free insect Cell culture Medium |
| DMSO | 二甲基亚砜 | Dimethyl sulfoxide |
| KEGG | 京都基因和基因组百科全书 | Kyoto Encyclopedia of Genes and Genomes |
| KOG | 真核生物蛋白质相邻类的聚簇 | Clusters of orthologous groups for eukaryotic complete genomes |
| GO | 基因本体论 | Gene ontology |
| EGFP | 增强绿色荧光蛋白 | Enhanced green fluorescent protein |
| RFP | 红色荧光蛋白 | Fluorescent protein |
| RT-PCR | 反转录多聚酶链式反应 | Reverse transcription-polymerase chain reaction |
| PCR | 聚合酶链式反应 | Polymerase chain reaction |
| Sf9 cell | 草地贪夜蛾卵巢细胞 | *Spodoptera frugiperda* cell |
| SDS | 十二烷基硫酸钠 | Sodium dodecyl sulfate |
| PBS | 磷酸缓冲液 | Phosphate-buffered Saline |
| IPTG | 异丙基-β-D-硫代半乳糖苷 | Isopropyl-β-D-thiogalactopyranoside |
| X-Gal | 5-溴-4-氯-3-吲哚-β-D-半乳糖苷 | 5-Bromo-4-chloro-3-indolyl β-D-galactopyranoside |